小小科学馆 知识天天看

植物王国奇妙事

策划：光玉
主编：郭漫

航空工业出版社
北京

内 容 提 要

本书将自然界的植物分成藻类、苔藓、蕨类、裸子、被子五大门类，系统地介绍了各自的生活习性、外形特征以及在植物界中的进化程度，让读者从进化的角度来认识植物界，同时了解植物界的发展是一个从简单到复杂的过程。此外，通过列举一些别具特色的植物以及相关知识介绍，将现今植物界的一些基础理论引入书中，旨在让青少年在进一步熟悉身边常见植物的同时对一些发生在植物体上的自然现象有一个初步的了解。

图书在版编目(CIP)数据

植物王国奇妙事/郭漫主编. --北京：航空工业出版社，2012.9(2020.7 重印)
(小小科学馆)
ISBN 978-7-5165-0005-7

Ⅰ.①植… Ⅱ.①郭… Ⅲ.①植物—儿童读物 Ⅳ.①Q94-49

中国版本图书馆 CIP 数据核字(2012)第 124886 号

植物王国奇妙事
Zhiwu Wangguo Qimiaoshi

航空工业出版社出版发行
(北京市朝阳区北苑 2 号院　100012)
发行部电话:010-84936597　010-84936343

北京一鑫印务有限责任公司印制　全国各地新华书店经售
2012 年 9 月第 1 版　2020 年 7 月第 3 次印刷
开本:700×1000　1/16　印张:8　字数:240 千字
印数:25001-30000　定价：16.80元

前言

伸展着细嫩的身躯，它们只是将泥土温柔地覆盖，如果生命仅仅是一种颜色，那么便是它们将这种颜色涂满了这个曾经荒凉的星球。

25 亿年前，是谁从蓝色的海洋之中孕育而出，让我们的这个世界在广袤的宇宙之中变得与众不同?

4 亿年前，又是谁悄悄地登临了这片贫瘠的大陆，将第一粒种子播撒在岩石之中，期待着春天的破土而出?

植物，这个地球上最为庞大而神奇的生物种族，究竟是何时出现在我们这颗蔚蓝色的星球之上，又是如何生存在我们的身边？在遥远的、人类还没有出现的悠久年代里，这些沉默的生物们，又是如何谱写出那些古老的生命之歌，将死气沉沉的荒漠变成生机勃勃的乐园?

在漫长的数百亿年之中，这些没有手脚的“生产者”们一直通过它们无私的奉献，维系着生命系统中那些最为脆弱的链条。离开植物，这个世界上没有一种生物能够单独存活，但是植物本身不需要任何一种其他生物也能够从容地生存下去，这生命的奇迹究竟是如何缔造的?

对于人类来说，植物无疑是最为亲密的物种，而同样对于人类来说，植物恰恰又是最为神秘的生物。可以说，自从人类诞生，就与植物结下了不解之缘。在人类数百万年的历史进程中，从未停止过对植物的探索——植物的起源、植物的进化、植物的繁衍、植物的消亡，每一项都与人类的生活紧密相连，每一点都与人类的命运息息相关。

古老的传说与现代的科学相结合，轻松的故事与严谨的分析相交织，让我们借着那细密如根茎般的思绪，回首人类探索植物的历史，一同来探究我们身边最不可思议的生物——植物，那个拥有着流动的绿色血液和众多不为人知的秘密的地球的主宰者。

编　者

目录

第1章 海洋——生命的起始

第2章 藻类——进化的初起

第3章 原始陆地植物——奔向新世界

第4章 蕨类植物——与恐龙同行

第5章 裸子植物——种子植物先驱者

第6章 被子植物——走向繁荣

第1章 海洋——生命的起始

生命的产生是一个复杂而漫长的过程。生命是一个融合了各种偶然因素以及一系列复杂过程的奇迹，它可能是若干无生命的东西经过“电击”而产生的，也可能是一些“宇宙旅行者”留给地球的神秘“礼物”，甚至可能是由于一些我们人类目前根本无法知晓的原因而产生的。

寻找生命开始的证据

我们对已经灭绝的古生物进行研究，主要依靠对其遗骸形成的化石以及对这些化石所处地层的分析，从而判断出它们的形态、生活习性以及生存年代等。只有少数幸运者能在某日出游时，在荒山野岭被一块石头绊了一跤，捡起一看竟然是几亿年前某种生物身上的部件；大多数情况下，发掘化石的专家们需要诸如GPS、远红外探测系统等复杂设备的帮助，才能令深埋地底的化石重见天日。而且，在这之后的化石分析过程更需要同位素质谱仪、专业的图形软件等的帮助，才能将这些残缺不全的生物遗骸还原为其生前的模样，其间更是涉及了大量的知识。

已经灭绝的海洋精灵——鹦鹉螺

现在我们从书上得知暴龙长得如何威猛、猛犸象如何特化、三叶虫如何有趣、鹦鹉螺如何绚丽……若是没有在此之前科学工作者们的辛苦工作，这些史前生物很可能永远被深埋在泥土之中。

生命的形成、恐龙的灭绝等一系列谜题虽然得到了解答，但这些解答中仍存在着很多猜测的成分，也许最准确的答案只有在人类能够超越光速，发明了时间机器之后，重回那个时代，才有可能得出。可惜爱因斯坦只给了我们理论上的可能性，并没有给我们任何技术支持，而且爱因斯坦同时也预言，光速是不可能被超越的，因而，能否回到过去，从而实地进行古生物研究也就充满了不确定性。

通过对一些早期地球生命体化石的研究，学者们认为：最早形成的生物结构极其简单——它们只有一个细胞，仅含一条合成生命活动必需的蛋白质的 RNA 链。1952 年，美国芝加哥大学研究生 S.L.米勒在其导师 H.C.尤里的指导下，进行了模拟原始大气中电闪雷鸣的实验，得到 20 种有机化合物，其中不乏氨基酸、核酸等生命的基本组成材料。实验的成功大大鼓舞了科研人员，他们由此提出了著名的“化学演化说”。

随着天文学及物理学的发展，人们将生命的源头放眼到宇宙之中。通过对星云、陨石以及彗星等成分的分析，科研人员发现其中居然含有有机物质，而早期地球由于大气层较稀薄，陨石及彗星少了这层阻隔，便成为地球的“常客”，而复杂的有机物也就被带到了地球上。这就是生命起源的另一个著名假说——“宇宙外来说”。

生命体的产生是一个复杂的过程，并非准备好所有条件，生命就能自然而然地产生出来。生命是一个融合了各种偶然因素以及一系列复杂过程的奇迹，它可能是若干无生命的东西经过“电击”而产生的，也可能是一些“宇宙旅行者”留给地球的神秘“礼物”，甚至可能是由于一些更离奇的、我们人类根本无法知晓的原因而产生的。

然而，不管原因究竟是什么，生命毕竟产生了，而且熬过一个个难关存活了下来。它们默默地进行着最为简单的代谢活动，等待着下一步进化的来临。

原始地球生态环境模拟图，在如此恶劣的条件下，生命是如何产生的，始终是困扰人类的一道难解的谜题。

生命中枢——遗传物质

达尔文——生物进化论的倡导者

达尔文与《物种起源》

在30多年前，“遗传物质”这个词对许多人来说也许还是陌生的，可时至今日，这个词在整个世界的分量已经显得越来越重。只要与生命现象相关的领域，都会跟遗传物质有着或多或少的联系，甚至可以说：在现代社会里，生命科学领域中任何一项突破都是建立在对遗传物质的结构和功能的更深层次了解的基础上的。遗传物质的研究令人们得以从最微观的角度来诠释生物的生老病死。

这一观点虽然在进化论创建的初期引起了轩然大波，但是随着更多化石证据的发现以及古生物学理论的发展，人们逐渐接受了这一观点。甚至，人们更加深入地认识到：生命是从海洋中诞生的，一些鱼类正是现在陆生生物的“老祖宗”。

于是，生物之间再也不是孤立的个体，而是被复杂的族谱联结成的一个庞大的家族。

在意识到生物之间的相互关系之后，人们又开始思考：是什么力量使得同族的生物保持着高度的一致性，又是什么力量造成了不同族之间巨大的差异以及差异下的那一丝联系呢？

达尔文的进化论提出后，反对声不绝于耳，甚至有人将达尔文丑化作了一只猴子，这幅著名的漫画被人们称作“达尔文猴子”。

孟德尔和他的豌豆

关于遗传物质基础，科学家们早就开始了各种各样的猜测。

1864 年，英国哲学家斯宾塞曾提出“生理单位”的概念；1868 年，达尔文称之为“微芽”；1884 年，瑞士植物学家冯内格列称之为“异胞质”；1889 年，荷兰学者德弗里斯称之为“泛生子”；1883 年，德国魏斯曼称之为“种质”，并指明生殖细胞中的染色体便是种质，认为种质是遗传的，体质不遗传，种质影响体质，而体质不影响种质。孟德尔的遗传理论产生之前，魏斯曼的理论与遗传规律的真相是最为接近的，同时，他的理论也为孟德尔的研究铺平了道路。

现代遗传学之父——孟德尔

1865 年，孟德尔发现了遗传定律，并且初步诠释了遗传物质的运作过程，他因此而被称为“现代遗传学之父”，并成为了这一重要学科的奠基人之一。

孟德尔最初进行豌豆实验时，只是希望获得更优良的品种，但在实验过程中他意外地发现：豌豆子代和亲代间存在着一些微妙的联系，这种联系是由一种尚不为人所知的物质造成的，这种物质就存在于生物体的体内。孟德尔为此发现慎重地进行了 8 年的豌豆实验。

孟德尔首先买来了 34 个品种的豌豆种子，之后又从中选出 22 个品种用于实验。这些种子都具有某种可相互区分的稳定性状，例如高茎或矮茎、圆粒或皱粒、绿色种皮或黄色种皮等。孟德尔对它们进行人工培植，对不同代的豌豆的性状和数目进行细致入微的观察、计数和分析。

正在做实验的孟德尔。花色 2:1 的分离比例让孟德尔意识到豌豆的性状是由一种“特殊物质”控制的。

孟德尔酷爱自己的研究，他常向前来参观的客人指着豌豆自豪地说：“这些都是我的儿女！”

经过 8 年的研究，孟德尔终于发现了生物遗传的两条基本规律，并为这种规律做了相应的数学统计方面的证明。人们分别称他的发现为“孟德尔第一定律”和“孟德尔第二定律”，它们揭示了生物遗传奥秘的基本规律。直到孟德尔逝世后 16 年，来自 3 个国家的 3 位学者同时独立地“重新发现”孟德尔遗传定律，孟德尔的观点终于得到承认。

1900 年成为世界遗传学史乃至生物科学史上划时代的一年，从此，遗传学进入了孟德尔时代。

今天，通过摩尔根、艾弗里、赫尔希和沃森等数代科学家的研究，已经使生物遗传机制——这个使孟德尔魂牵梦萦的问题细化到了遗传物质的层次上。现在，人们已经开始向控制遗传机制、防治遗传疾病、合成生命等更大的造福于人类的工作方向前进。所有这一切都与孟德尔的发现紧密相连。

豌豆也因孟德尔而成为了最为著名的试验材料之一。

分道扬镳——生存方式的殊途

生物体无时无刻不在消耗着能量，不管动物的一举一动还是植物的春华秋实，这一切的一切都需要能量的支持。之前提到的最原始生命体亦是如此。如何获取能量，成为了生物存活的头等大事。

和谐相处的“呼吸作用者”和“光合作用者”

在生命起源之初，地球环境极度恶劣。一些身体结构简单，能有效利用本身资源存活的生命体占据了世界主导地位，其中的代表就有嗜热菌、耐酸菌或耐盐菌等。它们既能承受环境带来的强大压力，同时还能够依托环境制造出生活必需品。然而，在随后的几十亿年里，随着地球环境的逐渐稳定，诸如氧气浓度增加、气温降低、气候好转等，生物体的结构以及生存方式也相应发生了变化。

早期的地球环境过于恶劣，若生物体的结构过于复杂，其中任何一个细微部分遭受打击都有可能导致生物体的毁灭。然而地球气候条件日趋稳定，结构复杂的生物体已有足够的条件存活。利用光能意味着能够获取更多能量，从而更大规模地繁衍后代。

自此，地球上逐渐出现了大量能够利用光能生活的生物体。它们仍然是以单细胞形式的个体存在，然而在结构和功能上已经不知比最原始的生物体复杂了多少倍，它们能进行“光合作用”。这些生物体，我们姑且称之为“光合细菌”，它们就是植物的雏形。

一些生物体在进化过程中惊喜地发现：在氧气的帮助下，一些有机物可以直接转化为生物体能直接利用的能量。而该过程排出的“废物”却又恰巧是那些光合作用生物需要的原材料——二氧化碳。

于是，一个紧密的共生关系就此形成了。

光合细菌吸收了二氧化碳，利用光能，产出“废料”和氧气，而另外一个族群则在氧气的帮助下将一些有机物转化为能量供自身利用，并且释放出二氧化碳，为光合细菌提供“原材料”。

吸入氧气，排出二氧化碳，就是我们现在每时每刻都在进行的一个动作——呼吸，这个过程，我们称之为“呼吸作用”，而远古那些进行着呼吸作用的族群，则是动物的祖先。

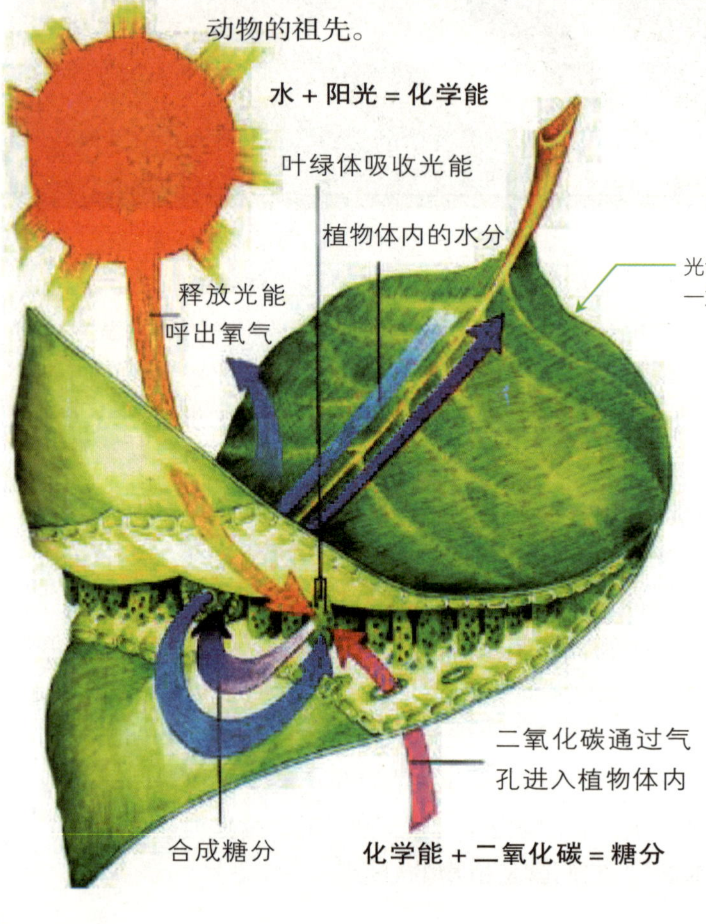

光合作用是自然界的一大奇迹。

第2章

藻类——进化的初起

我们不得不承认：数十亿年前选择了光能作为能量来源的生物无疑是“明智”的。从科学的角度来看，光能比较活跃，不需要太过苛刻的条件就能加以利用。同时，由于光能的覆盖面几乎能够达到地球的每个角落，因此依靠光能生活的生命体就不会像嗜热菌之类的生物一样被局限在诸如火山口、地热泉之类的特定环境生存。最重要的是，稳定且数量庞大的光能能够为一个族群长期的繁衍和进化提供源源不断的动力，而不会因为能源的枯竭而导致种群的灭亡。

蓝藻——光合作用之先行者

光合作用无疑是远古生物们最明智的“选择”。

我们不得不承认，数十亿年前选择了光能作为能量来源的生物无疑是“明智”的。从科学的角度来看，光能比较活跃，不需要太过苛刻的条件就能加以利用。同时，由于光能的覆盖面几乎能够达到地球的每个角落，因此依靠光能生活的生命体就不会像嗜热菌之类的生物一样被局限在诸如火山口、地热泉之类的特定环境生存。最重要的是，稳定且数量庞大的光能能够为一个族群长期的繁衍和进化提供源源不断的动力，不会因为能源的枯竭而导致种群的灭亡。

光合作用

1773 年，英国科学家普利斯特利做了一个有名的实验，他把一支点燃的蜡烛和一只小白鼠分别放到密闭的玻璃罩里，蜡烛不久就熄灭了，小白鼠很快也死了。接着，他把一盆植物和一支点燃的蜡烛一同放到一个密闭的玻璃罩里，他发现植物能够长时间地活着，蜡烛也没有熄灭。他又把一盆植物和一只小白鼠一同放到一个密闭的玻璃罩里。他发现植物和小白鼠都能够正常地活着，于是，他得出了结论：植物能够更新由于蜡烛燃烧或动物呼吸而变得污浊了的空气。

1864 年，德国的萨克斯发现光合作用产生淀粉。

1880 年，美国的恩格尔曼发现叶绿体是进行光合作用的场所。

1897 年，首次在教科书中将植物体转化光能为化学能的过程称为光合作用。

让我们来看一看当年光合作用“发明者”的后裔吧。

蓝藻也叫蓝绿藻，属于藻类中的蓝藻门，它是藻类植物中最简单、低级的一门，在世界各地都能找到这种或丝状或串珠形或球状的生物，其中球状体和串珠形属于蓝藻门中的色球藻目，串珠形的外表不过是因为大量球状的色球藻生活在一起，而丝状的个体则是蓝藻门的藻殖段目生物。

球状蓝藻

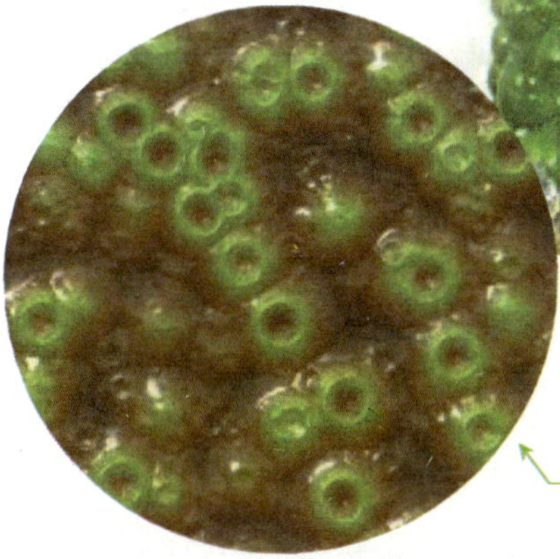

蓝藻的显微结构

除了蓝藻门，藻类中的其他4门细菌也都能进行光合作用，而且每一门都有各自不同的基因用来控制生产光合色素从而进行光合作用。然而只有蓝藻拥有全部100种基因，并且其中许多是蓝藻独有的。这意味着蓝藻“继承”了祖先遗留下来的大多数光合作用基因。它应该是跟最早进行光合作用的生物体比较接近的。

感谢蓝藻的祖先，在它演化出光合作用能力之后，地球逐渐开始向今天这个欣欣向荣的模式发展。

蓝藻大约出现在35亿年前，现在已知1500多种，分布十分广泛，遍及各种地理环境，但主要还是生长于淡水水域。有不少蓝藻可以直接固定大气中的氮，这样一来，土壤中的养分可以被极大丰富，有利于作物的增产；有的蓝藻还成为了人们的食品，如著名的发菜和普通念珠藻（地木耳）等，它们就属于蓝藻门中的不同品种。

但在一些营养丰富的水体中，有些蓝藻常于夏季大量繁殖，并在水面形成一层蓝绿色而有腥臭味的浮沫，这就是环境杀手——水华，更为可怕的是有些蓝藻还会产生一些毒素破坏水质，对鱼类等水生动物，以及人、畜均有很大危害，严重时还会造成鱼类的大量死亡。

固氮菌

氮素是植物体生长不可缺少的元素，它是构成生物体DNA、RNA和蛋白质的基本成分。固氮菌顾名思义是能够将空气中的气态氮转化为能够吸收利用的氮元素的细菌。固氮菌在与植物共生的情况下才能固氮或才能有效地固氮，固氮产物氨可直接为共生体提供氮源。固氮菌种类主要有根瘤菌属的细菌与豆科植物共生形成的根瘤共生体，弗氏菌属与非豆科植物共生形成的根瘤共生体；某些蓝细菌与植物共生形成的共生体，如念珠藻或鱼腥藻与裸子植物苏铁共生形成苏铁共生体，红萍与鱼腥藻形成的红萍共生体等。

在实验条件下培养自生固氮菌，培养基中只需加入碳源（如蔗糖、葡萄糖）和少量无机盐，不需加入氮源，固氮菌可直接利用空气中的氮（N_2）作为氮素营养；如培养根瘤菌，则需加入氮素营养，因为根瘤菌等共生固氮菌，只有与相应的植物共生时，才能利用分子态氮（N_2）进行固氮作用。

蓝藻过量地生长会造成水华，会对水生生物造成巨大危害。

藻类——初见叶绿体

蓝藻在进化出“光合作用”能力之后，开始制造氧气，并且在身体中积累了光合作用的“副产品”——碳水化合物。对于许多靠摄取外部营养生存的生物来说，碳水化合物无疑是一种“美味佳肴”。于是乎，一大批“捕食者”开始了疯狂的“碳水化合物探寻之旅”。最原始的生物并没有牙齿，它们进食的方式就是一口把猎物吞进肚子里，然后再慢慢把猎物通过体内的一些类似于“胃液”的东西消化掉。这与蛇的进食方式非常相似，蛇虽然有牙齿，但它们牙齿的作用并不是把猎物嚼碎，而仅仅是向猎物体内注射毒液以制服猎物用的。

光合作用的工作者们

这些“吞噬者”把蓝藻吞到肚中后，本来准备慢慢享用这顿美餐，谁知蓝藻福大命大，不但没有死，反而在这些吞噬者的肚子里安了家。

然而，“吞噬者”和“被吞噬者”并不“满足于”这种简单的“共生”，随着进化的不断深入，“被吞噬者”干脆将自己的下一代“顺便”放到“吞噬者”的后代中。如此一来，当“吞噬者”在繁殖后代的时候，“被吞噬者”的后代也就顺势进入“吞噬者”的子孙体内了。这样，二者就形成了“生生世世永不分离”的关系。于是，“吞噬者”的后代身体里就有了一个能够进行光合作用的“新器官”，而这个新器官也就是今天我们所熟知的“叶绿体”。

海带

藻类在形态、构造上面有相当大的差别，例如小球藻，其外形呈圆球状，仅仅由一个细胞构成，直径也只有几微米；相比之下，生活在海洋里的巨藻，结构十分复杂，体长 70~80 米，最长可以达到 200 米以上。然而，尽管藻类植物个体的结构繁简不一，大小悬殊，但多数都没有真正根、茎、叶的分化。有些大型藻类，如海产的海带、淡水的轮藻，在外形上虽然也可以把它分为根、茎、叶三部分，但体内并没有高等植物用来运输养料的“管道”——维管系统，所以都不是真正的根、茎、叶，因此，藻类并不能被归为高等植物。然而叶绿体已经在其中产生，只需要进化出其他一些功能和器官便可以成为高等植物了。

今天，生存在地球上的动物以及数量相当庞大的微生物都在进行着“呼吸作用”。而“呼吸作用”必备的两个条件——氧和碳水化合物，则是由“光合作用者”负责制造。这些“光合作用者”是生命生存的基础，几乎提供了这个世界上生物所需的全部能量。我们今天所吃的粮食、水果、蔬菜等，都是来自“光合作用者”，甚至我们吃的肉类、蛋类也都是来自被“光合作用者”养活的生物；因此，这些“光合作用者”被我们称为“初级生产者”。

甲藻——昼为“赤潮”，夜为“海火”

在一些海域，每到夜晚人们便会经常看到一片片乳白色或蓝绿色的“火光”，一些迷信的人们认为这是“海妖”奉了“龙王”的指示前来讨命的，于是连忙设祭祷告……

实际上，这些“火光”是由于大量会发光的浮游生物紧密地聚集在一起而形成的。常在这些区域捕鱼的渔民们把这种生物光叫做“海火”。发光的海洋植物，主要是一类叫做“甲藻”的生物，虽然甲藻体形很小，只有借助显微镜才能看到它们的真身，但是如果数量巨大、又集群地生活在一起时，它们就能够发出十分明亮的光来。“海火”主要就是由这些会发光的甲藻形成的。

“海火”还是渔民寻找鱼群的重要线索，在发生强烈的“海火”的地方必然浮游生物密集，那里往往有较大的鱼群出没。在军事上也记载过根据敌舰在夜航时扬起的“海火”发现和跟踪敌人，因而大破敌军的战例。

会发光的甲藻门生物

甲藻门生物体在全世界约有 130 属，1000 多种。多数为海产种类，少数产于淡水及半咸水水体中。我国常见的淡水种类有 4 个属 15 种，少数采取共生或寄生的生活方式。甲藻门生物多分布于温暖水域中，而在寒冷水体中能够存活的较少。该门生物中在海洋生活的生物体种类的形态变化较大，但是仍然具有一些共性：植物体除少数为丝状或球状类型外，大多数为具鞭毛的单细胞游动种类。其中纵裂甲藻纲的细胞壁由 2 片组成，横裂甲藻纲由横沟（或称腰带）把细胞分成上、下两部分，分别称为上锥部和下锥部。壳体或为整块，但多数是由若干多角形的板片组成，板片的数目和排列方式是分类的主要依据；在细胞腹面具与横沟垂直而向后端延伸的纵沟。甲藻门生物的鞭毛多为2条，多为顶生或从横沟与纵沟相交处各自的鞭毛孔伸出。横鞭毛带状，环绕在横沟内，纵鞭毛线状，沿纵沟向后伸出。

日落时分美丽的赤潮

渔民们常说“赤潮过处，鱼虾难留”，那是因为甲藻门生物会分泌出毒素，处于有毒赤潮区域内的鱼、贝类，摄食这些有毒生物，虽不能被毒死，但生物毒素可在体内积累，毒素含量大大超过其耐受的水平。这些鱼虾、贝类如果不慎被人食用，就会引起人体中毒，严重时可导致死亡。

由赤潮引发的赤潮毒素统称“贝毒”，目前确定有10余种贝毒的毒性比眼镜蛇毒素高80倍，比一般的麻醉剂，如普鲁卡因、可卡因强10万多倍。“贝毒”中毒症状为：初期唇舌麻木，然后发展到四肢麻木，并伴有头晕、恶心、胸闷、站立不稳、腹痛、呕吐等，严重者出现昏迷、呼吸困难。

珊瑚藻——与珊瑚共舞

在 20 世纪 60 年代，一批中国科考工作者在珠穆朗玛峰地区进行实地考察。当他们进行发掘地层、研究地理情况的工作时，偶然发现了一种名叫小石孔藻的珊瑚藻化石。

奇怪的是，这种只能生长在热带或亚热带海域中的藻类生物，为什么会出现在珠峰上呢?

难道说在数亿年前的热带或亚热带地区就已经存在珊瑚藻了？同时被热爱海藻装饰、旅游以及登山这三项活动的智慧生物巧合地把它的“珊瑚藻项链”遗失在了珠峰上?

经过科学家们的研究论证认为：现在的珠峰地区曾经是一片汪洋，气候湿润，小鱼海里游，花草水边长，生机勃勃。然而后来印度板块向这里漂来，发生碰撞，就撞出了包括珠穆朗玛峰在内的喜玛拉雅山脉，并且他们认为世界许多高大的山脉都是因为板块间的碰撞产生的。

珊瑚藻按照生物分类学的划分来讲是属于红藻中的珊瑚藻科，大多生活在温暖的海洋中。藻体短小且丛生，底端一般都是固定在鹿角珊瑚礁上或浅海的岩穴内。

美丽的珠峰，板块间的碰撞使得碰撞部向上隆起形成山脉，而原本海生生物的尸体则被掩埋在这些山脉中，这就能够解释为什么会在高山上发现鱼的尸体了。

珊瑚藻的分枝数次重复分叉，外形呈现为羽状；枝扁平，有明显的分节，同时因为体内含钙质较多，所以粗糙而坚硬。

珊瑚藻在我国青岛、舟山等地都有分布。值得注意的是，当它们出现在高山、陆地时，则意味着它们已停止了生命活动，成了化石。同时会失去色彩，完全变成一块石头。只有在海洋里，才会出现这样的奇迹：有些活着的“石头”能在海水里生长、繁殖、死亡，走完生命过程的每一环节。

珊瑚藻除了具有进行光合作用的叶绿素外，还有红藻的藻红素，这样，它们就因为体内所含的色素不同，而呈现出绿、红、紫等美丽的颜色。这样，它们应该是属于低等植物的藻类。珊瑚藻是属于真红藻亚纲隐丝藻目中最丰富、种类最多的一个科，叫“珊瑚藻科”。

在热带、亚热带海域，珊瑚藻或同珊瑚虫协作，或独立地建造起珊瑚礁。特别是皮壳状的珊瑚藻，它们从南沙群岛到西沙群岛，从马绍尔群岛到所罗门群岛，建造起了壮观的“海藻脊”。珊瑚藻喜欢在波涛汹涌的礁缘上生长，在海面时隐时现，不断繁殖，扩展自己的藻体。

人们关于珊瑚藻对人体的功用研究得并不多。《本草纲目》中记述了一种叫做"海浮石"的植物，它们是由岩石、珊瑚虫体、还有一部分珊瑚藻组成。书中说它有止咳、清心降火、消积块、化老痰、清瘤瘿结核疝气、下气、消疮肿等功效。山东黄县桑岛产的"海浮石"就属于皮壳状珊瑚藻，主要是石枝藻属一类。年产量仅有5000多千克，十分珍贵。

美丽的珊瑚藻

珊瑚藻的钙化藻体不像那些非钙化的藻类被地质变化消灭得无影无踪，而能够在漫长的地质年代变迁中保存着自己的面目——化石，具有生物学和地质学研究的价值。它对于开发石油资源，发现大型海相碳酸盐型油田有重大的意义。

大陆漂移说

19世纪以前，人们尚未系统地研究地球整体的地质构造。1910年，德国地球物理学家阿尔弗雷德·魏格纳在偶然翻阅世界地图时，发现了一个奇特的现象：大西洋的两岸——欧洲和非洲的西海岸遥对北南美洲的东海岸，轮廓非常相似，如果从地图上把这两块大陆剪下来，再拼在一起，就能拼凑成一个大致上吻合的整体。把南美洲跟非洲的轮廓比较一下，更可以清楚地看出这一点：远远深入大西洋南部的巴西的凸出部分，正好可以嵌入非洲西海岸几内亚湾的凹进部分。而后，魏格纳从地质学、生物学和古生物学、古气候学等方面对这一现象进行了大量卓越的论证，并形成了一个大胆的假设：在3亿年前，地球上所有的大陆和岛屿都连接在一块，是一个庞大的原始大陆——泛大陆。泛大陆被一个更加辽阔的原始大洋所包围。后来，从大约距今两亿年时，泛大陆先后在多处出现裂缝。每一裂缝的两侧，向相反的方向移动。裂缝不断扩大，海水侵入，就产生了新的海洋。相反地，原始大洋则逐渐缩小。分裂开的陆块各自漂移到现在的位置，形成了今天人们所熟悉的陆地分布状态。

大陆漂移说一经提出，就在地质学界引起轩然大波。年轻一代为此理论欢呼，认为开创了地质学的新时代，但老一代均不承认这一新学说。魏格纳在反对声中继续为他的理论搜集证据，为此他又两次去格陵兰考察，发现格陵兰岛相对于欧洲大陆依然有漂移运动，他测出的漂移速度是每年约1米。

1930年11月2日，魏格纳在第四次考察格陵兰时遭到暴风雪的袭击，倒在茫茫雪原上，那是他50岁生日的第二天。直到次年4月，搜索队才找到他的遗体。

魏格纳1929年摄于格陵兰岛

第3章

原始陆地植物——奔向新世界

已经在海水中浸泡了近30亿年的生物体们虽说对岸上的“花花世界”早已按捺不住内心的激动，然而，并不是想上岸就能够上岸的。陆地与海洋相比截然不同的环境——水分含量的降低、温度变化的不稳定……都是对海洋生物的致命威胁，海洋中的生物体需要进一步演化出相应的一套“陆地维持生命系统”才能够适应陆地相对苛刻的环境。今天我们所见到的苔藓植物，就很可能是“最早登陆者”的后代。

苔藓——海的女儿

《海的女儿》是安徒生童话宝库中的珠玑。那条为了执著地追求梦想中的爱情而舍弃了舒适的环境，丢下了自己的亲人，并且最终失去了永恒生命的美人鱼，是那样的惹人怜爱。

苔藓——本文的主人公，从进化的角度来说也堪称是植物界“海的女儿”，而且，估计比美人鱼还要早了至少几亿年“爬”上陆地。只不过美人鱼“爬”上岸来是为了见到心爱的王子，而苔藓则是为了更好地生存下来。

不起眼的苔藓正是陆地植物的始祖，它们已经在陆地上生活了几亿年。

陆地相对于海洋来说有更为充足的阳光，更加丰富的矿物养分，能够登陆就意味着能够获取更多光能和养料。

陆地与海洋相比是截然不同的环境——水分含量的降低、温度变化的不稳定……都是对海洋生物的致命威胁，海洋中的生物体需要进一步演化出相应的一套“陆地维持生命系统”才能够适应陆地相对苛刻的环境。

今天我们所见到的苔藓植物，就很可能是“最早登陆者”的后代。

登陆的过程是十分艰苦的。美人鱼要长出一双腿用来走路，而对苔藓的祖先们来说则需要先行演化出类似于现代植物的根、叶等组织来适应陆地。

海水中的矿物质及有机养分是溶解在水里的，它们弥散在生物体的周围，因而可以直接通过细胞来吸收。而陆地上空气中的养分则少得可怜，根本不足以维持生计，但大部分此类营养都被埋藏在土地下，因此需要演化出像针管一样的器官来扎入土中，“吸取”地下的养分；叶是用来进行光合作用的主体部分，就像太阳能板一样，它可以凭借较大的面积更加有效地利用太阳能，以成倍增加供应给植物体的能量。

苔原上美丽的植物们。苔藓的成功“登陆”为其他植物踏上地面提供了良好的条件。

但是这时所谓的“根”和“叶”并不是现在我们通常所见植物体的根与叶，它们的功能和结构还相当简单，通常只是由少量的细胞组成。而今日我们所知的高等植物的根和叶则是由无数细胞组成了分工不同的多个结构，而这些结构相互之间协作才完成了根和叶的实际功能。苔藓植物的祖先已经具备了现代陆生植物的雏形，因而我们将它们称为最原始的高等植物。

土壤的形成对于植物来说意义重大：在较为干燥的环境中，地表的水分极易被蒸发，大量的水分和养分都蕴藏在较深的地下；但是，由岩石组成的地质结构并不利于植物根的向下伸展。松软的土壤可以使植物的根轻松地伸向地层深处，以便获取更多的水分营养以利于其生存。所以，苔藓植物堪称是其他植物踏上地面的开路先锋。

苔藓的根和叶结构简单，只有少量细胞构成，且通常只有一层，因而与周围环境的阻隔相对很小，环境中的有害物质极易进入到苔藓植物体内，因此苔藓植物对环境的反应远比结构复杂的其他高等植物敏感，利用这个特点，人们还用苔藓充当“环境测试剂”，以预防一些轻微的污染。

为了踏足更加美好的世界，苔藓勇敢地登陆了。虽然它们依然保留着海洋生活的种种习惯：低矮、喜欢在阴湿环境中成长、没有完善的“管道”将从地表下抽取的养料运送到身体各个部位，甚至没有真正巨大的叶子来进行光合作用……然而它们最终成功地留在了地上，并且为后来者创造着更加适宜生长的环境。

然而，大气污染、过度的森林采伐、规模浩大的基本建设等人类活动等，都导致环境发生了巨大的改变，甚至一些环境的改变是不可逆的，这些都极大地影响了苔藓植物的生长。例如，随着园艺、花卉事业的发展，中国泥炭藓属植物被大量开发利用而使泥炭藓资源日趋枯竭。

中国濒危及稀有的苔藓植物约有 36 种，已证实灭绝的苔藓植物至少有耳坠苔、拟短月藓、闭蒴拟牛毛藓、拟牛毛藓和华湿原藓等 5 种。或许有一天，苔藓将成为历史，而将它们写入回忆录的正是我们人类自己。

苔藓们就这样生长在低矮、潮湿、阴暗的地方，见证着地球亿万年来沧海桑田的变迁。

泥炭藓——护花使者

在泥炭藓育苗床上生长的小野花

在大多数人眼中，苔藓通常是阴湿和肮脏的代名词，没人能够想象苔藓在我们的日常生活中起到哪怕一丁点儿的作用，除了拿来用在作家笔下的一些场景中：黑暗的城堡掩映在参天大树之间，由于缺少阳光，城堡的墙上爬满了藤蔓植物，而在更为阴暗的角落，则长满了青苔。苔藓与幽灵鬼怪结缘，或许是苔藓的气味和颜色容易让人产生出与幽灵或死亡有关的联想吧。

泥炭藓是藓类植物中最原始的分类群，约有 100 种，多生长于高山和林地的沼泽中，或生于有滴水的岩壁下洼地及草丛内。泥炭藓的原丝体呈片状，植物体柔软，高可达数十厘米，并呈垫状生长。茎纤细，单生或稀分枝，表皮细胞及叶细胞大且无色，有时具水孔和螺纹。叶细胞的水孔和螺纹加厚，间有狭长形的绿色细胞。孢子四分型，呈蒴球形，成熟时为紫黑色，盖裂，由柔弱、透明的假蒴柄自茎顶伸出。

在花卉市场中，我们经常能够看到：一些有经验的花卉经营者常用苔藓（多是泥炭藓）包裹诸如兰花等名贵花卉的根茎，或者将苔藓植物垫在盆底，对花卉进行护根栽培。这是因为泥炭藓具有保湿、保鲜、含水丰富的特点，其茎、叶能够涵养的水分甚至可达到其植物体自身重量的 20~25 倍，而且，它们在生长过程中还会分泌出酸性溶液，于是，它们自然就成了为那些娇嫩的花卉创造肥沃、透水保湿性能良好的微酸性土壤环境的最佳选择。

在第一次世界大战时，由于药棉严重短缺，加拿大、英国、意大利等国曾利用泥炭藓类植物的吸水特性代替棉花制作敷料。

正是由于泥炭藓超凡的吸水性，它在森林地区过分生长往往会给森林带来毁灭性的打击。尤其值得一提的是，由泥炭藓和其他植物长期沉积后形成的泥炭，其 1 吨的燃烧热量相当于 0.5 吨煤燃烧产生的热量。

这种貌不惊人的"小家伙"们由于其可观的经济价值，越来越受到人们的重视，于是其生存也就如其他的经济植物一样，变得越发举步维艰，在局部地区甚至已经面临绝灭的危险境地。

近看一下这种苔藓植物，还是很漂亮的。

第4章

蕨类植物——与恐龙同行

在地壳板块间剧烈的“磕磕碰碰”中，高耸入云的山脉和深不见底的谷地就如此产生了。突然出现的高山和谷地引起了整个陆地气候的巨变，这场变革触及陆地上所有地区。

“爬”上了陆地的脆弱生命们第一次被逼上了“生死线”——要么想方设法生存下去变成“活化石”，要么四仰八叉地躺下被土掩埋，等数亿年后再被挖出来，陈列在博物馆被高等动物们瞻仰遗容……

蕨类植物——与恐龙同行

长久以来，有关恐龙的种种发现与猜测、传闻一直极大地刺激着人们丰富的想象力。其庞大的身躯、无与伦比的凶悍使人们的好奇心几乎膨胀到了极点，甚至有人说，很多人的“怪兽情结”也是发端于这种神秘的史前动物。

通过对已出土恐龙化石的研究，学者们认为大多数的恐龙都属于植食性动物。如此巨大的身躯，食量必然也不小。那么，是什么植物养活了这些庞然大物呢?

通过对一些古代植物化石年代的推算，恐龙在地球上占统治地位时，苔藓植物、蕨类植物和裸子植物正处于生长盛期。相比之下，蕨类植物的茎富含淀粉，枝干也并不强韧，适于动物们咀嚼；而裸子植物由于具有发达的木质部而不易被咀嚼，且叶中含有大量丹宁因而口感不佳。于是，蕨类植物理所当然地在这三类植物之中胜出，成为了植食性恐龙的不二选择。

海底摇曳生姿的绿藻和蕨的外形非常相似。

身躯庞大的植食性恐龙——马门溪龙（图片选自航空工业出版社《恐龙真相》）

蕨类植物是从哪里来的呢?

在苔藓植物成功登陆之后，泡在海洋中的生物们纷纷向往陆地生活，陆地上有更充足的阳光、更丰富的养分、到处都是氧气……简直就是仙境一般。其中的一个名叫绿藻的族群并不只是停留在羡慕的阶段，而是积极地改造自身结构以适应陆地生活。经过不懈地努力之后，绿藻们终于成功了，一个全新的物种继藻类之后又登上了陆地，这就是经由绿藻演变而来的裸蕨植物。

西双版纳热带雨林中依然茂盛的蕨类植物

苔藓植物在陆地生活中仍然存在着缺陷——太过低矮的植株很容易被遮蔽而无法享受到阳光的照射，脆弱的假根也很难承受恶劣的环境而遭受破坏。于是，这些裸蕨类植物内部进化出了具有导管系统与茎相似的结构。这种结构可以帮助裸蕨植物直立生长，从而增加了植物体的高度，身高的优势使得这些裸蕨植物很少受到遮挡而充分得到了阳光照射。

此外，裸蕨植物茎的下端也长出了毛发状的假根结构，它们相对于苔藓植物来说更为粗壮，进一步起到了支撑和固定植物体的作用。这也是现今大多数植物进化的结果——更高大的身材加更强壮的根系。

突然出现的高山和谷地引起了整个陆地气候的剧变，这场变革触及陆地上所有地区。“爬”上了陆地的脆弱生命们第一次被逼上了“生死线”——要么想方设法生存下去变成“活化石”，要么四仰八叉地躺下被土掩埋，等数亿年后再被挖出来，被陈列在博物馆让人们去瞻仰遗容。裸蕨植物中的三支后裔——石松类、木贼类和真蕨类看起来相当留恋“红尘”，苦苦支撑，终于熬过难关。经过此前的地质活动盛期，陆地面积成倍增加，并且当时气候变得更加温暖、湿润，沼泽遍布，一个生物生长的黄金时代到来了。三支蕨类植物后代也没浪费好时光，在很短的时间内，陆地上出现了森林，而在这大片大片的森林中也孕育了无限的生机。

木贼草是裸蕨植物的后裔之一，也称笔筒草，可用作草药。

现存的蕨类植物多数比较矮小，比如鳞木高三四十米，树身直径2米；芦木生长在沼泽里，高度与鳞木不相上下，树干直径也可达1米；树蕨虽然高度较低，仅有十几米，然而它凭借更大的叶片面积以及更高叶片密度获取了更多的光能，因而在诸多蕨类植物中脱颖而出，成为了主要物种。而这些高大的蕨类植物因为其出众的高度成功遮蔽了一些矮小植物而独享阳光。矮小植物自然缺乏日光照射，因而植株的数量及高度呈现出了严重的两极分化。

桫椤——释迦牟尼圆寂处

古时的印度有一条河，名叫希拉尼耶底河。据说河两岸郁郁葱葱，水草肥美，其中珍禽异兽数不胜数。一日，远方缓步走来一个年老的僧人。此人八十上下，身着袈裟，手捧佛珠，慈眉善目，行走似慢实快，隐闻风雷之声，众鸟兽神情惶恐，纷纷摘下果子、香蕉向老人进贡。此人正是佛祖释迦牟尼。

佛祖跋山涉水来到该地后，先前的暑热顿时一扫而空。心旷神怡之时开始打量起两岸景致，连连暗叹此地风光旖旎，确是人间仙境。忽而有两棵桫椤树映入眼帘，于是来到这两棵桫椤树之间，头向北，面向西，头枕右手，右侧卧在僧袈上，随后涅槃升天了。从此之后，佛家将桫椤树列为神圣之物。

明代画家吴彬绘制的《涅槃图》，现存日本圣福寺中。图中佛祖安然侧卧于两棵桫椤树下，众神都从各处前来祭拜。

经过自然界的剧变之后，两类生物存活下来：一类是能够耐寒且能量需求小的动物和植物，它们能够在严酷的自然环境中存活下去；另一类是身处极度优越的环境中——就是指极少受到地质活动的影响，温度湿度都很适宜的桃源仙境的生物。现在我们所看到的桫椤就很可能在数千万年前栖身于这样一片仙境中，丝毫不受外界严酷自然条件的影响而一直存活至今。

桫椤也称“刺桫椤”、“树蕨”，外形很有特点，它的枝干直立，高度为 3~8 米，树干的直径为 10~20 厘米，在树干上部可见一些残存的叶柄，它们向下弯曲生长，后密集地交织成类似于根状的结构用来吸收养分，好像是树干顶部向下伸出无数条吸管一样。

桫椤呈羽状深裂的叶片结构

桫椤的树冠乍一看去很像是辐射状的主枝从树干顶部伸出，主枝两侧对称地长满了侧枝，侧枝的两侧上又对称生出次一级的侧枝，而次一级侧枝上则对称生长着极小的叶片。我们把这样的叶结构称为“羽状深裂”。在茎端和拳卷叶以及叶柄的基部密被鳞片和糠秕状鳞毛，鳞片暗棕色，有光泽。桫椤的近小羽轴处着生着多数的孢子囊。

如巨伞一般的桫椤

从远处看去，桫椤就像一把大伞，而从顶部看去，由于桫椤的叶呈辐射状发散，因此整个树冠呈圆形。估计即使隔着几千米远也能毫不费力地辨认出来，看来当年释迦牟尼挑选圆寂之处时还是经过一番考虑的。桫椤，这唯一的木本蕨类，外形如此独特，身份如此尊崇，在它脚下圆寂也算是自身地位、品位的体现了。

桫椤为半阴性树种，喜温暖潮湿气候，常生长在山谷溪边林下。它生长缓慢，生殖周期较长，生长和繁殖后代都需要温和而湿润的环境。由于森林植被覆盖面积缩小，现存分布区的气候日趋干燥，加之桫椤的茎干可作药用，常被人砍伐，植株日益减少，有的分布点已经难觅桫椤踪影。现在桫椤已被我国列为国家一级保护物种，如果不加强保护，终有一日，桫椤也将会“绝灭”在人类手里。

第5章

裸子植物——种子植物先驱者

在有机物被赋予了生命，成为了细胞之时，它们同时也被剥夺了不朽的权利，衰亡对于每个生命体都是必然的过程。既然单个生物无法永生，那么繁殖后代便成为了延续种族的唯一方式。想在地球史上留下点痕迹，怎样更好地繁衍后代就成为了生物们面临的一个首要的问题。

生命的延续方式——有性与无性

最原始的单细胞生命采用了“分身术”来制造下一代。首先，它们体内的遗传物质会加倍，之后平分到细胞两侧，最后细胞从中间一分为二，成为了两个新生命，遗传物质也平分到了两个细胞中，这两个细胞无论外形和内部组成基本都与原来的细胞没什么区别。我们称这种生殖方式为分裂生殖。

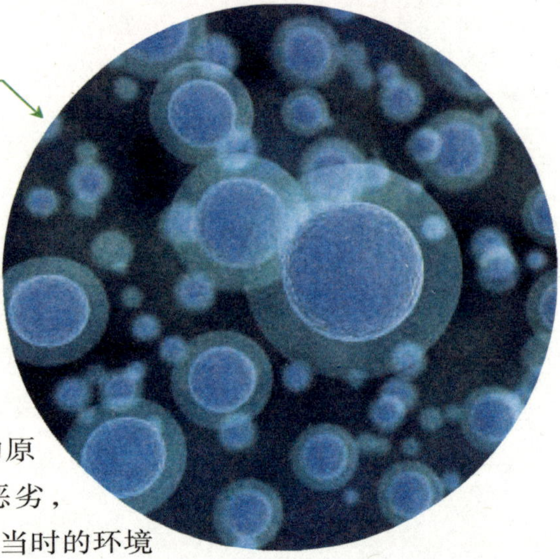
电子显微镜下正在分裂的细胞

分裂生殖属于生物体无性繁殖中的一种，它的过程简单，对细胞的结构复杂程度要求也很低。由于地球的原始生存环境相当恶劣，结构复杂的细胞在当时的环境中根本无法生存，分裂生殖就成为了当时一个简单高效的繁殖方式。虽然通过分裂生殖产生的后代会一成不变地延续上一代的所有生活方式，但这种保守的态度至少能保证整个种族在恶劣环境中的存活。变形虫、眼虫藻等就是采用这种生殖方式。

此外，营养生殖、出芽生殖和孢子生殖等生殖方式都属于无性生殖。现存的许多生物还在延续着无性生殖的方式，而一些有性生殖的生物在特定条件下也能够以无性生殖的方式繁衍后代。植物界中的大部分成员都保持了无性生殖的特性，构成它们身体的任何一个单独细胞都拥有再生为完整植株的能力，现代植物研究中广泛运用的组织培养技术就是利用了植物的这一特点。

然而动物们却失去了这种强大的能力，直接导致它们更容易受到伤害。如果人们的肢体或器官因事故而受到伤害后能够再生，那将是一件多么伟大与幸福的事。

那么，为什么植物可以再生，而动物却不能呢？

这是因为植物体的结构简单，身体远没有动物的器官那么复杂，每个细胞中都含有这种植物的所有遗传信息，而且这些遗传信息都能够自然表达。这就使植物细胞具有了高度的再生长能力，它脆弱身体的任何一部分受到损伤后都可以轻松地再生。不过，植物为此也付出了沉痛的代价——永远停留在低级阶段。

生命的演化其实就是一个生命体基因变异的过程。基因控制着生物体的外形与内部构造，因而基因的变异直接影响着生物体的生活方式。

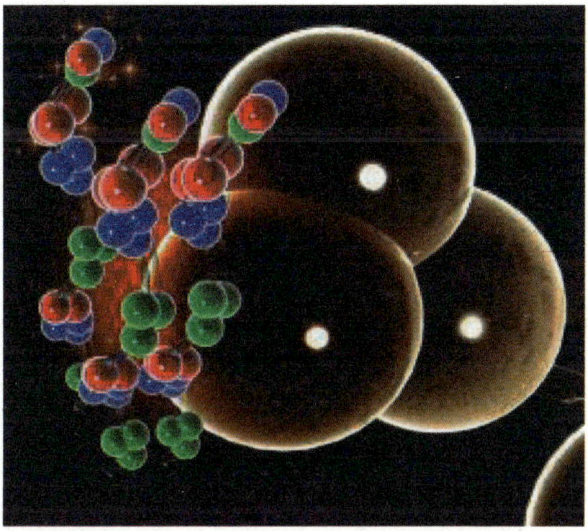

基因变异的过程示意图

在一些极端环境中，比如强辐射、高温或非正常的细胞增殖过程中，基因都可能发生变化。有的基因变化可能将生物体置于死地，有的却可能帮助生命体改造结构，以避免一些极端环境对其身体造成的伤害。

单个生物体产生基因突变的概率毕竟有限，在有性生殖产生以前，子代的基因只是来自上一辈单个个体，有利基因的积累完全是一脉相承的，速度相当慢；有性生殖出现之后，子代的基因就同时来自父本和母本两个不同的个体，不同生物为抵抗不同恶劣环境而产生的基因变异则有机会混合于他们的子孙身上。如此一来，生物体经过自然选择产生出来的一些有利基因就在有性生殖产生之后，以成倍的速度向后代传递，这对于后代有着极为重大的意义。

物种新纪元——有性生殖

在裸子植物出现之前，分裂生殖与孢子生殖仍然是植物所采用的主要生殖方式，两种生殖方式均不能离开水环境进行，并且新个体在还是一个弱小孢子的时候就已经被放置于自然环境中了，处于自生自灭的境地中，母体并不能对后代进行任何保护。

裸子植物起源于古生代，繁盛于中生代，曾与巨型蕨类植物和恐龙共同生活在地球上。在晚二叠世的全球性剧烈地质活动以及随后到来的数次冰川期侵袭中，恐龙与高大的蕨类植物双双退出了历史舞台，而裸子植物凭借自身特有的一些优势存活了下来。并进化出了木质部与韧皮部，这些都是密集的导管系统，不仅能够运输营养，同时还有很高的硬度与韧性，使其有可能承受剧烈的冲击及震动。它们的叶通常为针形或密集层叠的小型鳞片状，因此在冰川期寒冷干燥的环境之中具有极强的耐寒性。而且这种叶片结构最大限度地保持水分蒸发与光合作用之间的平衡，能够保存少得可怜的水分，从而使植物挺过长达千余年的寒冬。

相信经过人类的努力，这样的馥郁葱茏一定会常留人间。

相对于被子植物来说，裸子植物虽然同样是种子植物，但种子外部并没有被子植物的特有结构——果皮以及果肉的包裹，而是裸露在外，因而得名“裸子植物”。

其实，裸子植物真正为人所重视的，并非其学术价值，而是它本身所蕴含的巨大经济价值。因为裸子植物中的许多品种都是重要的经济林木，尤其在北半球，森林中80%以上的植物都是裸子植物，它们自然也就成为了人类口中“有用之材”。历经数次世界末日的裸子植物现在又一次受到了人类的威胁。

人类在拥有了思考和创造能力的同时，又用这天赋不断挤压着其他生物的生存空间。然而，当其他物种消亡殆尽的时候，人类又能去往何处呢？那一天也许就是人类灭绝的日子。这个冰冷而遥远的未来并不一定会发生，只要我们与自然界和谐共处，在大自然的再造能力之内合理地开发、利用资源，我们的世界仍然会是丰富多彩的。

松、柏、杉——从远古走来的巨人

裸子植物因为它的特殊器官结构具有很强的耐力，因而能够挺过长达数千年的冰川期。不过因为这些特殊结构，它们也就注定不可能像被子植物那样有那么多的种类。

傲立霜雪

裸子植物门中共有大约 800 种植物，分属于 4 个纲，即苏铁纲、银杏纲、松杉纲和盖子植物纲。其中松杉纲是裸子植物门中最大的一纲，它拥有整个裸子植物门一半以上的植物，共计 600 多种。

松柏泛指的是松科和柏科的植物，它们隶属于松柏目。这一目中还有我们所熟知的杉科植物以及与杉科植物外形很相似的南洋杉科。而松柏目中的这四科植物数量则汇集了松杉纲的绝大部分，共有 400 多种。

松、柏、杉是人们使用的通俗名称，其中有不少植物由于外形类似而被错认为相同的科，如冷杉、云杉属于松科，但名称上用了杉字，而水松和金松则是杉科植物，这些名称沿用至今已约定俗成。目前各科植物应用的名称常常是混杂的，想要辨别这三科植物只依靠植物名是不够的。而从外形来看，这三科植物多是植株挺拔，高大参天，想要将这些巨木分门别类，我们就需要研究一下三科植物各自具有的一些特殊结构。

从叶形来说，松科和柏科植物最容易辨认，因为松科是细长的针状叶，且在枝上螺旋状互生，也就是说松枝的每个节上只生有一片叶，而且每根枝条上的叶都呈螺旋状排列。同时，由于松树针叶的尖端十分尖锐，因此摸上去十分扎手。而柏树则是对生或轮生叶，也就是说每节上会着生 2～3 片叶，且叶上多会分布龙鳞状的鳞片。

杉科和柏科植物相比，其中许多种的叶形和叶序已经十分相似，要区分这些种，我们就要从两科植物的球果种鳞与苞鳞联合的紧密程度来判别了，其中杉科植物球果由于种鳞同苞鳞是半合生式，因此较易被掰开。而柏科植物由于种鳞和苞鳞采取全合生方式，因此想要掰开柏科植物的球果会比杉科植物困难得多。

叶形多样的柏科植物

松科共 10 属约 230 种，主要生于北半球，为森林的主要树种，亦是重要的造林树种，如松属、云杉属、落叶松属、冷杉属、铁杉属和黄杉属。中国是松科属种最多的国家，10 属均产，其中银杉和金钱松为特有的单种属植物，油杉属也主要生于中国。

松科植物最早的化石出现在中生代早侏罗世，白垩纪后属种增加。第四纪随全球性气候变化，其种类、数量和分布范围均有变化，繁衍至今，形成了现代的分布格局。迄今在北半球的地层中已经发现了现存属以及绝灭属的各种化石。

在生活中，我们最常见的就是松属植物，在全世界有 100 多种，全是阳性速生树种，除幼苗期间需要些庇荫外，在生长期都喜欢光照和肥沃湿润的土壤。著名的品种有华山松、油松、白皮松、马尾松、巴山松、杜松、华北落叶松、雪松、云南松、樟子松、湿地松、火炬松等，其中最负盛名的要数那幅苍松迎客图中的华山松了。

杉科植物，10 属，仅 16 种，分布于北温带。我国有 9 属，14 种，其中杉木属的杉木在我国中部、南部、西南部广为栽培，为重要造林树种。杉科植物为常绿或落叶乔木。叶披针形、钻形、鳞片状或线形，螺旋状排列，极少交互对生（水杉属除外）。杉树的球状花为单性，雌雄同株。雄球花小，单生或簇生枝顶或排成圆锥状花序，雄蕊具 2 ~ 9 个花药，花粉无气囊；雌球花珠鳞和苞鳞合生，每珠鳞腹面有 2 ~ 9 个直立或倒生胚珠。杉科植物的球果当年成熟、开裂，木质或革质，种子有窄翅。

柏科共 22 属，约 150 种，分布南北两半球。我国有 9 属 44 种 7 变种，广布全国。

植物界"活化石"——挺拔的水杉

柏树斗寒傲雪、坚毅挺拔，乃百木之长，向来被视为正气、高尚、长寿、不朽的象征。柏在国外是悲哀和哀悼的情感载体，所以柏树总是出现在墓地。古罗马的棺木通常用柏木制成，希腊人和罗马人习惯将柏枝放入死者的灵柩。而中国人在死者的坟上及坟地栽柏是寄托一种让死者“长眠不朽”的愿望。

柏树的学名源于希腊语，据希腊神话记载，有一名叫赛帕里西亚斯的少年，爱好骑马和狩猎，一次狩猎时误将神鹿射死，悲恸欲绝。于是爱神厄洛斯建议宙斯将赛帕里西亚斯变成柏树，既不让他死，又让他终身悲哀，柏树的名字即从少年的名字演变而来，柏树于是也就成了悲哀和哀悼的象征。

大片的杉科植物

杉科植物中的水杉是世界上珍稀的孑遗植物，是我国特有的“活化石”植物之一，是水杉属稀有植物。远在中生代白垩纪，地球上就已出现水杉类植物，并广泛分布于北半球。第四纪冰川期后，这类植物几乎全部绝迹。在欧洲、北美和东亚，从上白垩世至上新统的地层中均发现过水杉化石。水杉对于古植物、古气候、古地理和地质学以及裸子植物系统发育的研究均有重要的意义。另外，水杉树形优美，树干高大通直，生长迅速，是亚热带地区平原绿化的优良树种，也是速生用材树种。

柏树是柏科植物的通称，这科植物为常绿乔木或灌木。叶小，鳞形或刺形，在枝上交叉对生或 3~4 枚轮生，有时在一株树上兼有鳞叶和刺叶。球花单性，雌雄同株或异株，单生于枝顶或叶腋。球果球形，成熟开裂或肉质合生成浆果状，发育种鳞有 1 至多个种子，种子周围具窄翅或无翅。

多数种类在造林、固沙及水土保持方面占有重要地位。

银杏——深秋的金色活化石

如扇般美丽的银杏叶，秋风里翩然起舞时，仿若一个个远古的精灵。

江苏泰州一带古时流传着一句俗语：“金姜堰，银曲塘。”意思是说，姜堰是“流金”之地，而曲塘是“汇银”之所。

从前，曲塘有个都天庙，相传始建于唐末宋初，供奉的是“蛮张”老爷。这个“蛮张”可不是三国时候的张飞，而是唐朝名将薛仁贵的部属张巡，他随薛仁贵东征时不幸战死，因其生前说话有点“蛮”、带兵不扰民，被当地百姓尊为“蛮张”老爷，供以香火。据说这张巡有特异功能，但凡有毒的东西经他一摆弄就没毒了，当年安禄山攻城，他坚守数月，靠这本事救活了不少人。老百姓得救后没有忘记张巡大人的好处，纷纷磕头拜谢，尊他为“活菩萨”。

张巡画像

都天庙也被当地人称为玄帝庙，占地很大，颇具规模，有山门，有戏台楼。正中是都天宫（也称大雄宝殿），东侧为玄帝庙、魁星阁；西侧为娘娘楼。在大雄宝殿前有棵老银杏树。如今都天庙早因风吹雨打而破败了，但是庙里的那棵老银杏树却依然枝繁叶茂。这株古银杏树高 20 多米，胸径达到了 1.6 米，老干新枝，苍劲古朴，像棵巨大的树桩盆景兀立在原处。据《曲塘镇志》记载，这棵古银杏已经有 1000 余年的历史了，历经 4 个朝代，仍然健在。

其实这棵千年古树在银杏家族里面也不过是个小青年而已。银杏是有名的长寿树，在我国，已经发现了树龄达3000年以上的银杏。3000年前的世界正发生些什么事情呢？在爱琴海上，波斯人正在对希腊发起最后的攻势，显赫一时的希腊正处于风雨飘摇之中；在中国，武王姬发也在囤积兵力，准备对商都朝歌发起冲锋。

依然生机盎然的植物界活化石

不止活得久，银杏的血统也相当古老，现在发掘出的最古老银杏化石经过同位素测定，已追溯到了3.45亿年前的石炭纪。银杏曾广泛分布于北半球的欧、亚、美洲，与动物界的恐龙一样称霸于世，至160万年前，发生了第四纪冰川运动，地球骤冷，绝大多数银杏类植物不幸灭绝，唯有我国自然条件优越，它们才得以奇迹般地存活下来。

银杏的果实——白果

银杏也称“白果树”、“公孙树”，属银杏科，落叶乔木。银杏的叶形独特，外观呈扇形，两面淡绿色，在宽阔的顶缘多少具缺刻或2裂，宽5~8厘米。每逢秋天，叶片变得金黄，远远望去，枝繁叶茂的银杏在秋日的暖阳中闪耀着金光，令秋天更不负“金秋”的美名。

银杏的果实被称为白果，每逢秋天，有的银杏树上白果累累，而有的银杏树则是枝繁叶茂。原来，银杏树也分雌雄，它们是雌雄异株的植物。有时我们会看到银杏的主人或是园林工人会将一些“神奇的”药粉混到水里，然后喷到树上。其实，“神奇的”药粉就是雄性银杏树的花粉，而混到水里朝树上喷洒就是“人工授精”。只有在人工授精之后，雌性的银杏树才能结出果实来，而这结出的果实就是白果了。

白果可以食用，但食用过量会导致中毒。银杏的种子呈椭圆形或倒卵形，可以入药，性平，味苦涩，有小毒，具有敛肺定喘的功效，主治痰多喘咳、遗精、带下（以带下量多，或色、质、气味发生异常为主要表现的妇科常见病症）、小便频繁等症。此外，银杏叶也具有重要的药用价值。到目前为止已知其化学成分的银杏叶提取物达 160 余种，经试验对冠心病、心绞痛、脑血管疾病有一定的疗效。但无论是白果还是银杏叶都有轻微的毒性，多食会引起中毒，因此食用时一定要注意方法得当。

白果、银杏叶泡水能治病吗？

银杏叶和白果是不能用来泡水喝的，因为银杏叶与白果内含有大量的银杏酸，银杏酸是含有毒性的，直接买来的叶子和白果未经过深加工和提取，里面的银杏酸含量相当高，而且银杏酸是水溶性的，泡水不但没有吃到里面的银杏黄酮和银杏内酯等有效物质，还可能中毒。

秋日温暖的日光下绚烂的银杏树

第6章

被子植物——走向繁荣

1879年，达尔文曾经写信给他的好友约瑟夫·胡克（英国植物学家，英国皇家植物园“邱园”的第一任园长），在信中他把开花植物的迅速崛起称为一个“讨厌的谜”。这里的开花植物指的就是被子植物。

另外一个让达尔文深感头痛的“谜”就是寒武纪的生物大爆发……这两个谜题一同伴随达尔文走完余生，而且一度让达尔文对自己提出的进化论产生了怀疑。

"恼人的"被子植物

被子植物的归属

现今，植物界进化程度最高、品种最多的一门便是被子植物门。被子植物的心皮包成子房，胚珠生于子房内，胚乳在受精后形成，具有真正的花，花的主要部分为雄蕊和雌蕊，此外，还常具有花萼和花冠，花粉粒停留在柱头上，不能直接和胚珠接触。分为双子叶植物纲和单子叶植物纲。据统计，全世界属于这一门的植物有 300～450 个科，多达 30 万种，大多数科分布在热带，2/3 的种分布于热带或其邻近地区。

纵观被子植物门，我们不禁会惊叹于它的纷繁复杂——从草本到木本，从低矮到高大，从喜阴到向阳，如此截然不同的形态、差异巨大的生活习性居然出现在这同一个门内不同植物体上，着实令植物分类学家们伤透了脑筋。

达尔文是英国著名的博物学家，他在著作《物种起源》中详细阐述了进化论思想。该书从生物与环境相互作用的观点出发，认为生物的变异、遗传和自然选择作用能导致生物的适应性改变。百余年来这一观点在学术界产生了深远影响，然而达尔文对自己的理论也并非完全没有疑问。

被子植物的生活史

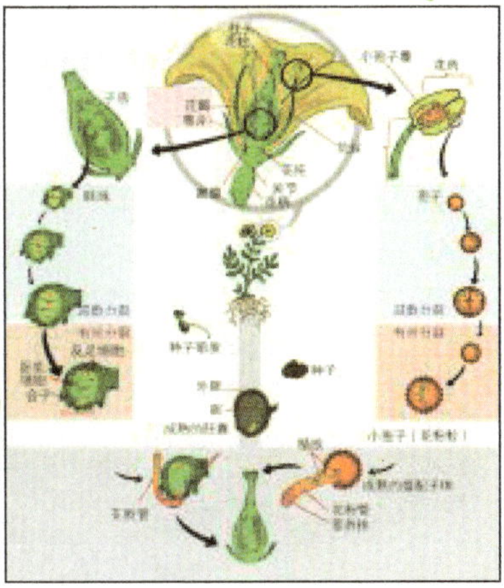

有花植物的出现，
令世界从此更加多姿多彩。

按照进化论的核心思想来说，生命体是在自然条件的影响下，为了适应自然而不断进化的。这是一个生物种类由少及多、从简单向复杂化发展的过程。因而，现在世界上的各种生物，无论牛、马、昆虫，甚至是动物和植物之间都应该有着或亲或疏的联系。而在生物进化的过程中，总会有一些所谓的“过渡型生物”存在，就像现在所公认的鸟类祖先——始祖鸟，或是同时具备动物和植物生活习性的眼虫藻。然而这些所谓的“过渡型生物”并不那么容易发现。

在达尔文生活的年代，孟德尔刚刚开始他的豌豆实验，基因的概念还没有诞生，探究生物间亲缘关系的方式只有通过解剖学对比，或是找到确切的“过渡型生物”或其化石从而加以说明。因为当时的知识及技术水平所限，解剖学的判定经常不能作为标准。而后一种方式看上去则更加难以实行——由于过渡型生物极少被发现，连达尔文也只能将自己的理论留给后人加以证明了。不过随着科技的发展，人们也确实一步步证实了进化论的科学性。

另外一个同样让达尔文深感头痛的“谜”就是寒武纪的生物大爆发。这两个谜题有着惊人的相似：在寒武纪，生物种类突然增加，通过地质学家和古生物学家的考察，其间并未发现具备此前简单生物特征的过渡型生物。这两个谜题一同伴随着达尔文走完了余生，而且一度让达尔文对自己提出的进化论产生了怀疑。

寒武纪的生命大爆发模型，
其来势之猛令人瞠目。

据文献记载：在距今1.4亿年左右的时候，有花植物大面积地出现。要知道，在种类繁多的被子植物出现之前，地球上虽然“绿化度”不低，然而多是品种较单一的裸子植物和蕨类植物以及苔藓植物。令人惊奇的是，在很短的时间内，形态各异的被子植物纷纷亮相，并且在事前没有发出任何“信号”（这里的信号还是指过渡型生物）的情况下占据了“大片江山”。直到今天，古生物学家还在为寻找最原始的被子植物而努力。

被子植物从哪里来？这个问题在科学界已经被争论了将近200年了，但直至今日，还是没有一个统一的答案。其间数位著名的植物学家提出了自己的观点，而这些看上去截然不同的观点又各有其可取之处。

以哈钦松、塔赫他间、克朗奎斯特为代表的植物学家主张被子植物单元起源论，其理由是：（1）被子植物除了较原始和特化的类群，木质部中均有导管、韧皮部都有筛管和伴胞；（2）雌雄蕊群在花轴上排列的位置固定不变；（3）花药的结构一致，由4个花粉囊组成，花粉囊具有纤维层和绒毡层，花粉萌发，产生花粉管和两个精子；（4）雌蕊由子房、花柱、柱头组成，雌配子体仅为8核的胚囊；（5）具有“双受精”现象，三倍体的胚乳。

植物学家克朗奎斯特

由于以上几条确实是只有被子植物才具有的特点，单元起源论也成为现今大多数科学家所认可的理论。但是，被子植物如确系单元起源，那么它究竟发生于哪一类植物呢？对此，科学家们做了许多推测，比如：藻类、蕨类、松杉目、买麻藤目、本内苏铁目、种子蕨等。

这样一来被子植物的分类又出现了问题，有人说被子植物源于裸子植物，因此应将裸子植物和被子植物一同划归到种子植物的行列中，裸子植物和被子植物则分属两个亚门；也有人说被子植物是由蕨类植物进化出的全新物种，应以单独的一科对待。此外，不同的学者在被子植物中不同科植物出现的先后顺序以及亲缘关系上也存在着不小的争论。

19 世纪以来，许多植物分类工作者为建立一个详尽、科学的分类系统而付出了巨大努力。他们根据各自的系统发育理论，提出的分类系统已达数十个。目前，克朗奎斯特系统在世界上最为流行，这是美国植物学家克朗奎斯特于 1968 年在其《有花植物的分类和演化》一书中发表的系统。在 1981 年修订版中，共有 83 目，388 科，其中双子叶植物 64 目，318 科，单子叶植物 19 目，65 科。而后文我们所介绍的不同科植物也将以克朗奎斯特系统作为分类标准。

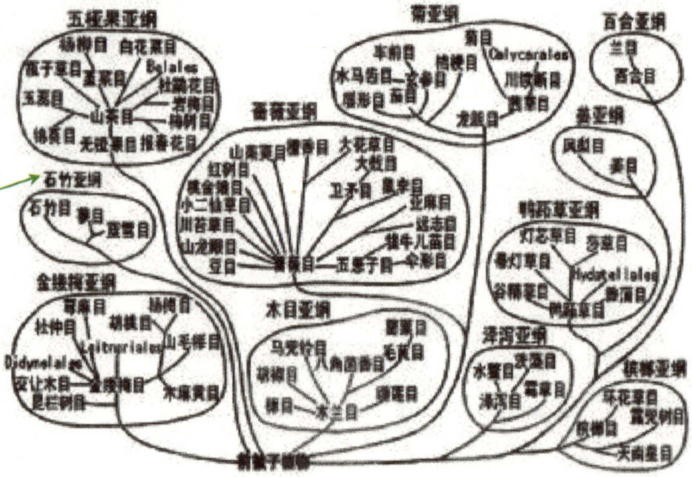

克朗奎斯特于 1981 年发表的有花植物亚纲和目的系统关系图

植物的智慧

在人们的眼中，智慧往往会因其无法眼见、无法抓握而显得玄之又玄，然而，智慧又是可以感知的，于是人们就更加对其有了无限的向往。它让无数天资聪颖、勤奋好学之人趋之若鹜，他们起早贪黑，头悬梁、锥刺股，都希冀得到所谓的大智慧。他们甚至发出诸如“朝闻道，夕死可矣”之类的豪言以表达他们对智慧的渴求。

然而，智慧到底是什么呢？

随着科学的发展，我们发现植物其实是在与外界交流的，不仅仅是交流，它们甚至还在解决自身遇到的一系列问题。

1880 年达尔文在研究植物的向光性时发现，对胚芽鞘单向照光，会引起胚芽鞘的向光性弯曲。切去胚芽鞘的尖端或用不透明的锡箔小帽罩住胚芽鞘，用单侧光照射则不会发生向光性弯曲。因此，达尔文认为胚芽鞘在单侧光下产生了一种向下移动的物质，引起胚芽鞘的背光面和向光面生长速度不同，使胚芽鞘向光弯曲。这就是著名的达尔文向光性实验，这也初步说明了一些植物体会向太阳的方向弯曲的原因。

植物向光生长是植物体通过对光的感受，从而调节了植物茎部的生长方向。

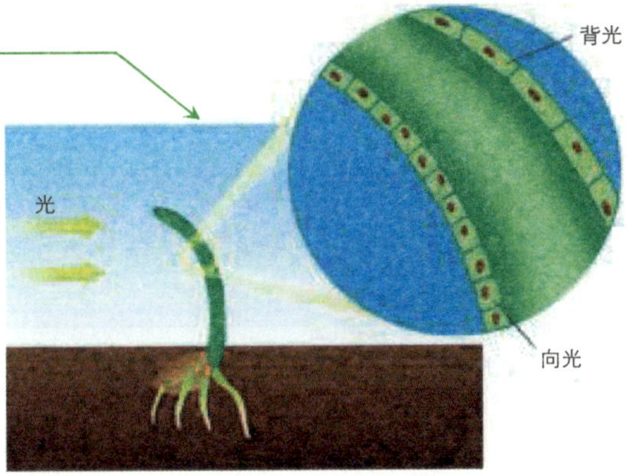

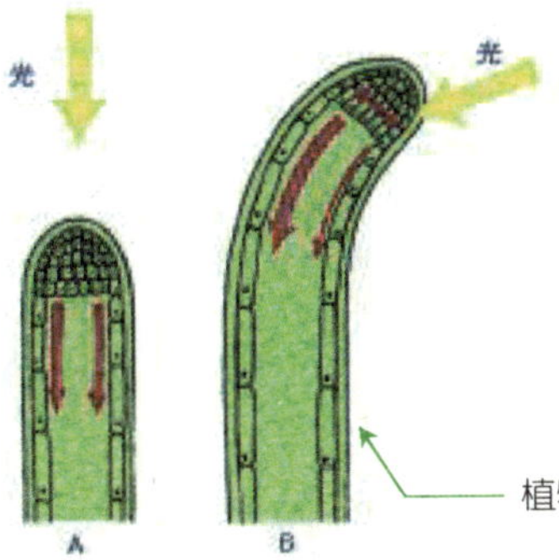

植物的向光性实验示意图

荷兰植物学家温特

到了1928年，荷兰人温特把切下的燕麦胚芽鞘尖放在琼胶块（一种类似于果冻，吸收性好的化学品）上，经过一段时间后，移去胚芽鞘尖把这些琼胶块放置在去尖的胚芽鞘的一边，结果有琼胶的一边生长较快。

这个实验证实了胚芽鞘尖端产生的一种物质扩散到琼胶中，再放置于胚芽鞘上时，可向胚芽鞘下部转移，并促进下部生长。后来温特分离出了鞘尖产生的与生长有关的物质，并把这种物质命名为生长素。同时，温特认为生长素在茎部向光面和背光面分布浓度的不均衡造成了这种茎部不等性的生长结果。

到了20世纪70年代，人们通过实验发现，在植物茎部参与生长的激素其实还有一种具有抑制植株生长的激素，科学家将这种物质称为抑制素。而植物茎部两侧之所以不均衡生长其实是由这种抑制素浓度控制的。科学家们发现，植物茎部的向光面和背光面生长素浓度差别并不大，只是由于向光面的抑制素浓度大于背光面浓度，因此背光面生长较快，植物体就向日光的方向生长了。

向性运动是植物体解决自身遇到的问题的过程。这其中包括了植物体感受器对外界刺激的感知、植物体内部激素的分泌运输等复杂过程。

向日葵是典型的向光性植物，由于它的花始终会随着太阳位置的变化而改变方向，因此又称“太阳花”。

其实，人在解决问题时也是通过自身的五感感知外界情况，之后再对外界环境做出反应的。只不过，人具有了一个特殊的器官——大脑。大脑是用来记忆各种解决方案，同时将这无数解决方案进行分析并且将之与当前问题关联，最终得到一个最优解决方案，之后再通过大脑协调人体各个器官来执行这条方案；而植物相对于人来说，由于缺少了大脑及随意移动的能力，就无法像人类一样通过多变的方式来处理外界的复杂问题。它只能对几个最关乎自身存亡的因素——光、水以及生长所必需的元素做出一些固定的反应。

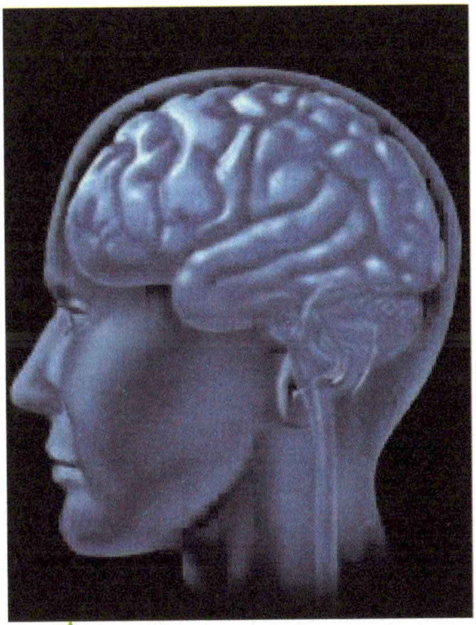

人脑用来储存大量信息以处理各种情况，越发达的大脑储存量越大，读取速度越快。

然而，我们并不能够由于植物体的低等而小瞧它们。与人类相比，虽说植物体没有智慧的大脑来协调自身运作以及制订抵抗恶劣环境的计划，然而植物却有我们人类绝不敢奢望的身体结构。植物体是经过至少 25 亿年风雨洗礼走到今天的，比动物出现的时间早了 15 亿年。这 15 亿年的经历让植物体的组织结构高度精简，而历经数次严酷自然环境选择的植物，其族群的再生能力以及抗击天灾的能力更是动物所无法企及的。用形象的比喻来说，动物是以万变应万变，而植物则是以不变应万变。我们并不能将这两种不同生存方式分出一个高下，毕竟，活到最后才是活得最好。

花的责任

花，在人类世界是美好的象征，或艳丽或清新的花瓣迎风摇曳，或馥郁或清香的味道弥漫在空气中，带给了人们无数对美好的向往与遐想。但是，花自诞生之日起，作为一个植物体新型器官、植物界的一个奇迹、植物进化的一个新高峰，也有它本身的责任。

花是被子植物繁衍后代的器官。关于花的诞生，植物学界比较一致的观点倾向于将花当作植物体上一个节间缩短的变态短枝；而现在看来，花的各部分从形态、结构来看，具有叶的一般性质。首先提出这一观点的是德国诗人、剧作家与博物学家歌德，他认为花是适合于繁殖作用的变态枝。这一观点得到了化石记录以及很多系统发育与个体发育证据的支持，并且能较好地解释多数被子植物花的结构，因而延用至今。

一朵完整的花包括了 6 个基本部分，即花梗、花托、花萼、花冠、雄蕊群和雌蕊群。其中花梗与花托相当于枝的部分，其余四部分相当于枝上的变态叶，常合称为花部。花部中四部俱全的花称为完全花，缺少其中的任何一部分则称为不完全花。如南瓜花、黄瓜花，它们缺少雄蕊或雌蕊；桑树花、栗树花缺花瓣、雄蕊或雌蕊；杨树花、柳树花缺萼片、花瓣、雄蕊或雌蕊。

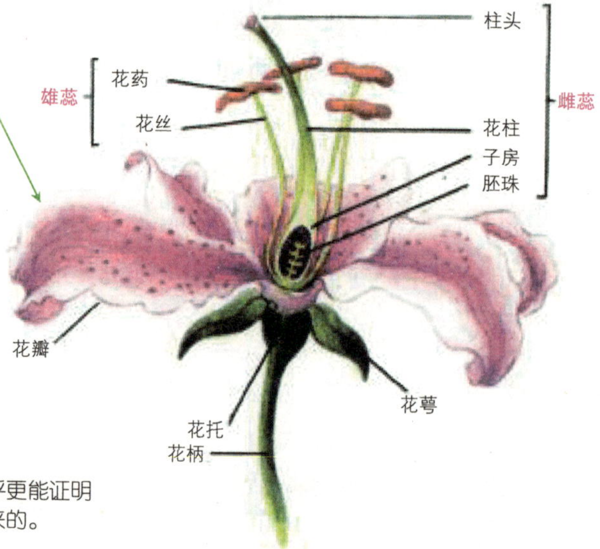

完全花的结构示意图

还处于花苞时期的花似乎更能证明花是由枝条变态生长而来的。

另外，在一朵花中，雄蕊和雌蕊同时存在的，叫做两性花，如桃、小麦的花；只有雄蕊或只有雌蕊的，叫做单性花，如南瓜、丝瓜的花；雌花和雄花生在同一植株上的，叫做雌雄同株，如玉米；雌花和雄花不生在同一植株上的，叫做雌雄异株，如桑。

风媒与虫媒

花本身只是植物用来繁衍后代的器官，雄花负责传播花粉，雌花负责接收花粉，孕育后代。

根据进化的观点来看，早期的花其实是植物枝条的一个变态结构，花的结构应该同叶非常相似，它的细胞中应该具有叶绿素，呈现绿色；花粉传播的方式也应该比较原始，是通过风力传播的，这相对于藻类和蕨类等低等植物来说，已经先进不少了。我们称这种利用风力作为传粉媒介的花为风媒花，如杨树的花。

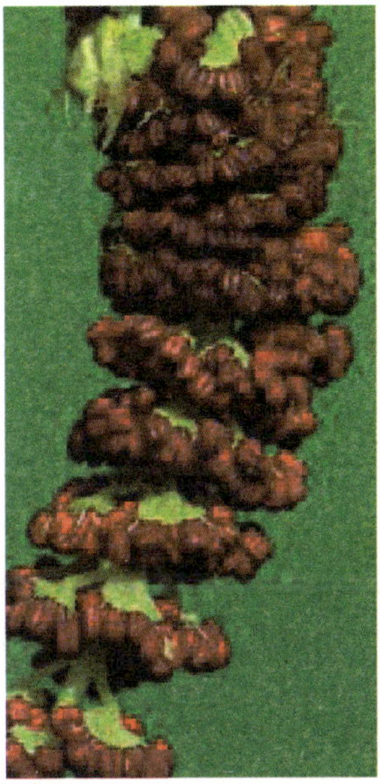

细软而下垂的杨树花序

风是自然界最多变的，想靠风精确地把花粉传给雌性花几乎是不可能的。于是被子植物们改造了自己的生殖器官，五颜六色、气味芬芳、内藏花蜜的各种花朵产生了。于是，昆虫们因为对颜色、花蜜特别喜爱便勤劳地在这些花上面飞来飞去采集蜜源，花粉也就更加精确地传播于雄蕊和雌蕊之间了。我们将这种靠昆虫传播花粉的植物称为“虫媒传粉植物”。

我们一般认为虫媒花是晚于风媒花出现的。由于昆虫是有生命的，所以它们有可能同花达成一种“共生”的默契，此后但凡有花的地方，大都会有昆虫存在；这样，花儿们就不用为花粉无法传播而发愁，昆虫们也同样不用为自己的“口粮”而四处奔波了。

蔷薇科三杰——玫瑰、月季、蔷薇

它们太像了！（从左至右：玫瑰、月季、蔷薇）

我们常常用“花海”来形容花园中的花，这些花种类繁多，徜徉其中，令人如痴如醉。我们通常将这些种在花园中专门用来观赏的花称为“花卉”，但花卉所属的科并不多，大多集中于被子植物的蔷薇科、菊科、芍药科和兰科四大家族中。玫瑰、月季和蔷薇被称为“蔷薇科三杰”。

玫瑰——爱的鲜花

传说，众神之王宙斯在厄洛斯（即罗马神话中的丘比特）诞生之时创造了玫瑰这种植物，一是为了庆祝爱神的诞生，另外也是为了向众神炫耀自己无上的神力以及创造力。

文艺复兴时期意大利伟大的画家波提切利的名作《维纳斯的诞生》（局部）。相传原本玫瑰只有白色，但有一次女神维纳斯路过玫瑰丛时不小心划破了脚，美神的血液染红了玫瑰，世界上从此也就有了红色的玫瑰。而玫瑰由于有了美神和爱神的灵气而被人们赋予了挚爱与护佑爱人的双重美好含义。

玫瑰，又名徘徊花、刺玫花，属于蔷薇科、蔷薇属的落叶灌木。玫瑰本身具有粗壮的主根，枝条直立丛生，植株高可以达到 2 米。玫瑰的茎部健壮，表面布满了针刺和刚毛，其小枝则密生绒毛。玫瑰的花或单生或数朵聚生于叶腋，花托平滑，花朵有单瓣、重瓣或半重瓣之分，而花色则有紫红、粉红、白等少数几种色系。玫瑰的花具有浓郁的芳香。花期根据各地气候的不同而异，通常在夏季开放。玫瑰的果实呈扁球形，砖红色。由于玫瑰的花期短，花色单一，除一些植物园和爱好者外，已很少被作为观赏花木栽培了，取而代之的是现代月季。

月季——以假乱真的“玫瑰”

月季属于我国的原生种，早在汉代就已经广泛栽培。18 世纪前后传入欧洲，园艺学家用月季与玫瑰、蔷薇反复杂交，逐渐培育出现代月季。现代月季简称月季，它不论在形态或遗传物质结构上，都已经与中国月季差异巨大。1867 年培育成功的“天地开”杂种香水月季，是现代月季诞生的标志，该品种由法国人以中国月季与当地的欧洲蔷薇经数代杂交而成。

有花中皇后之称的月季花

现代月季为蔷薇科、蔷薇属的落叶或半落叶灌木，主根细弱，须根发达，老干呈现灰褐色，而嫩枝条呈现青绿色，有时新枝甚至呈紫红色。现代月季的叶为羽状复叶，有卵形或长圆形的小叶，叶数 3~5 枚，叶片先端有尖，边缘有锯齿，叶两面都无毛，表面为绿色，光滑无皱纹，有光泽，背面稍淡。香气的浓淡则因品种而异。在适宜条件下全年都可以开花，且部分品种的花期较长。月季的果实为卵圆形或梨形，成熟后外表为红黄色。

现代月季大致分为杂种香水月季、丰花月季、壮花月季、微型月季、藤本月季和灌木月季六大类。现代月季广泛用于园林绿化、庭院美化及家庭装饰。

蔷薇——蔷薇科中的旺族

在蔷薇科蔷薇属中，除一些玫瑰和木香花外，大部分品种都可泛称作蔷薇，如黄蔷薇、白蔷薇、野蔷薇、矮蔷薇、香水蔷薇、粉团蔷薇、十姊妹等，种类繁多且变异极大。

蔷薇一般数朵花聚生在一根枝条上，且花朵较小，很容易跟玫瑰与月季区分开。

蔷薇花语

蔷薇的花语代表美好的爱情和爱的思念。

红蔷薇＝热恋
粉蔷薇＝爱的誓言
白蔷薇＝纯洁的爱情
黄蔷薇＝永恒的微笑
深红蔷薇＝只想和你在一起
粉红蔷薇＝与你一生一世
圣诞蔷薇＝追忆的爱情
野蔷薇＝浪漫的爱情

蔷薇在世界各地均有栽培，主要产于北半球的温带及亚热带地区，为落叶灌木。蔷薇的植株丛生，蔓延或攀援，小枝细长，茎部常有刺及明显的皮孔组织，无毛。叶互生，奇数羽状复叶，小叶 5～9 枚，倒卵形或椭圆形，先端急尖，边缘有锐锯齿，两面有短柔毛，叶轴与柄都有短柔毛或腺毛。多花簇生，野生蔷薇为单瓣，也有重瓣栽培品种。每年开花一次，花期 5～6 月。果近球形，红褐色或紫褐色，径约 6 毫米，光滑无毛。

蔷薇除了可广泛用于观赏外，其花、果、根等还可供药用或制香料。

菊——隐逸之花

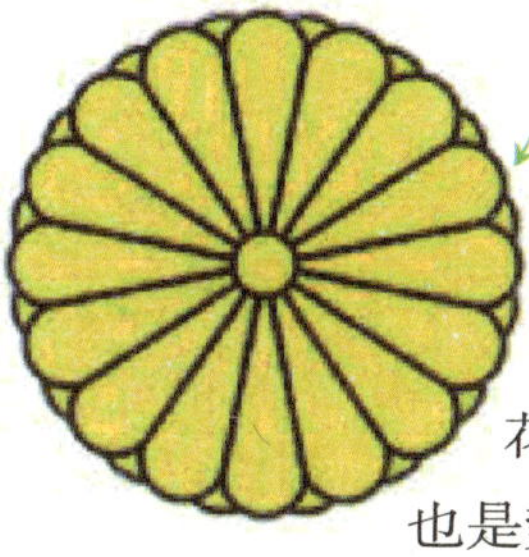
日本皇室的徽标——16 瓣菊花

在很多人眼中，樱花是日本的国花，其实，菊花才是日本的国花，也是日本皇室的徽标，樱花是日本民间的国花。在日本，菊花代表长生不老，也是势力、尊严和崇高的象征，因此日本皇室也被称为“菊花皇室”（Chrysanthemum Throne）。

说到这个，在我国民间还有这样一个传说：秦朝时，徐福奉秦始皇之命，率领一艘大船载了 3000 童男童女，携带了当时最贵重的礼物——金菊花，远渡东海寻找长生不老药。后来大船遭遇风暴，被冲到了一个无人的荒岛，船上的人们无奈只得留驻在那里，后来又在那里繁衍子孙，并在岛上种下了金菊花，之后那里的人们就自称“日本帝国”，金色的菊花便成了日本皇室的徽标。

不过，这则传说流传并不广泛，提起菊花，可能更多人想到的还是陶渊明的千古名句：“采菊东篱下，悠然见南山。”

陶渊明在任彭泽县令时，朝廷派了督邮到彭泽视察。按照当时官场的规矩，县令是要整理好官帽和绶带、备好丰盛的礼物隆重迎接的。在督邮到达前的两天，陶渊明便知道了。陶渊明对妻子说：“这次要来视察的督邮，我早就认识，是个专门欺上压下、拍马逢迎又不学无术的小人。我怎么能为五斗米俸禄，对这样的人折腰？”第二天他便将官印封好，官服留下，和妻子乘船离开彭泽，结束了 13 年的仕途生活，回到田园，过起“采菊东篱下，悠然见南山”的生活。

中国第一隐士——陶渊明

“不为五斗米折腰”的典故便由此而来。菊花因被陶渊明所钟爱，其本身又常常在秋末开花，独立寒风之中，因此在古代又被称为“节花”，历来被视为孤标亮节、冷傲高洁的士人象征。

菊花为菊科、菊属植物，属多年生草本植物，品种繁多，是世界著名的观赏植物之一。

菊花植株高可达 30～100 厘米。菊花的茎除崖菊之外多为直立分枝。菊花的花色、花序，常因其品种不同而改变，不过花瓣大多为管状或舌状，且色彩丰富，有红、黄、白、墨、紫、绿、橙、粉、棕、雪青、淡绿等，菊花花冠的大小和形状各有不同，有单瓣、重瓣，有扁形、有球形，有长絮、有短絮、有平絮和卷絮，有空心和实心，有挺直的和下垂的，式样繁多，品种复杂。此外，根据花期的早晚，菊花可分为早菊花（9 月开放）、秋菊花（10～11 月开放）、晚菊花（12 月～次年元月开放），不过，经过园艺家们对它们进行反复杂交、改变日照条件等栽培干预后，现在也有 5 月开花的五月菊、7 月开花的七月菊等。

菊花的品种、花型、颜色等多种多样，给人们带来了无比的视觉享受。

这种高度离生的花丝便于昆虫采蜜传粉，是被子植物中相当进化的生理结构。

牡丹和芍药——花王与花相

说起牡丹，似乎就不得不提芍药，而自古也有牡丹为花王、芍药为花相的说法。

牡丹原产于我国西部的秦岭和大巴山一带，现在这一地区尚有野生的单瓣牡丹存在。世界各国种植的牡丹都是从中国引种的。

牡丹花瓣层叠繁复，花朵颜色艳丽，堪称“花之富贵者”。

牡丹是我国传统名花，它端庄妩媚，雍容华贵，色、香、韵兼美。自古以来，牡丹深受众多文人雅士的垂青，许多描绘牡丹的诗句至今仍脍炙人口。

《杨妃外传》中载：在唐代开元年间，宫中刚刚种植的牡丹中有几株或紫红、或浅红、或雪白色，颇为奇异，于是被移植到了兴庆池东沉香亭前。到了第二年百花盛开之时，唐玄宗、杨贵妃和李白一行人来到沉香亭赏花，同时还召集了宫廷歌班，由李龟年领班为众人奏乐助兴。玄宗忽然说道：“贵妃赏花怎么能用旧乐助兴！”遂命李白当场作词，由李龟年谱曲，闻名于世的《清平调》就这样问世了。李白的这三首《清平调》全是以牡丹为主题，兼之为贵妃所作，自此牡丹便同雍容华贵的杨玉环联系在了一起。在唐代，牡丹也因此而倍受宫廷女子的喜爱。

唐代画家周昉的名作《簪花仕女图》（局部），头上美艳的牡丹更彰显了女子的雍容与华贵。

另据《镜花缘》载，一次武则天因酒醉，诏令百花怒放，没想“时至众花多开，唯牡丹不从”，武则天一怒之下，将所有牡丹贬至洛阳，洛阳因此而成为牡丹之乡。

牡丹属芍药科，为多年生落叶小灌木。它的植株生长缓慢，株型较小，株高多在0.5～2米，枝干直立而脆，从根茎处开始丛生出来数条枝而形成灌木状；牡丹的叶纸质，互生，枝上部常为单叶，小叶片有披针、卵圆、椭圆等形状，叶表面深绿色或黄绿色，背面为灰绿色，质地或光滑或有毛；牡丹的花单生于新枝的枝顶，花两性，大且颜色鲜艳，形美多姿，颜色有白、黄、粉、红、紫红、紫、墨紫、雪青、绿、复色十大色；雌蕊生于肉质的花盘上。牡丹花的雄蕊和雌蕊有瓣化现象，即雄蕊和雌蕊有横向加宽趋势，因而牡丹花瓣的数量就同雄、雌蕊瓣化的程度与品种、栽培环境条件、生长年限等有很大关系。牡丹的根肉质，形状粗而长。牡丹通常结有骨果，呈五角形，每一果结籽7～13粒，种籽类圆形，成熟时为蟹黄色，老时变成黑褐色。

已经瓣化的牡丹雄蕊和雌蕊

芍药原产于我国北部及西伯利亚一带，耐寒性极好，在商周时期即被作为观赏植物培育，遍布于中国北方。芍药的根可做药用，不剥皮的为“赤芍”，剥皮的为“白芍”，所以汉语中称其为“芍药”。牡丹栽培的历史则较晚，大约在汉代，由于其花似芍药而开始进行人工种植，经过多年培育，在唐朝时已被《神农本草经》誉为花王，当时也叫“木芍药”。牡丹的根皮也能入药，即“牡丹皮”。

兰花——华夏名花之首

幽兰生前庭，含薰待清风。兰花以其飘逸俊芳、绰约多姿的叶片，高洁淡雅、神韵兼备的花朵，醇正幽远、沁人肺腑的香味，自古以来就深受人们的喜爱，被誉为“花中君子”、“王者之香”。

姿容秀丽、温婉柔美的兰花

兰花属于多年生草本植物。它的根肉质肥大，无根毛，伴有共生菌。兰花具有假鳞茎，假鳞茎外包有叶鞘，常为多个假鳞茎连在一起，成排同时存在。兰花的叶为线形或剑形，质地为革质，兰花的花多数为单生，花梗上生长许多苞片。花属于两性花，具芳香。兰花的花冠由 3 枚萼片与 3 枚花瓣及蕊柱组成。3 枚花瓣中下方居中的一片称唇瓣，是兰花最精彩的部分，也是变化最大的部分，为兰花分种的主要依据。兰花的合蕊柱位于中央，是由雌蕊和雄蕊结合而成，这是兰科植物独有的结构，属于兰科植物的标志。

根据兰花的生活习性，一般将兰花分为地生兰、腐生兰和附生兰三类。地生兰最为常见，与其他普通植物一样生长在地面上，有绿色的叶片，可以进行光合作用，靠根系从土壤中吸收水分，这类兰花一般生长在温带和亚热带地区。附生兰附着生长于树干或石上，广布于热带地区，具肥厚且带根被的气生根，根系多裸露于空气中，从空气中吸收水分，因而也成为气生兰。石斛属、贝母兰属及万代兰属等就是比较常见的气生兰。腐生兰则生长在已经死亡并且腐烂的植物体上，从这些残体上汲取营养物质，不能进行光合作用，因而为非绿色植物。

我爱幽兰异众芳，
不喜颜色媚春阳。
西风寒露深林下，
任是无人也自香。

由于地生兰多生于我国，因而被称为中国兰花，也称“国兰”，在古代则被称为“兰蕙”。正如北宋黄庭坚在《幽芳亭》中对兰花所作的描述：“一干一华而香有余者兰，一干五七华而香不足者蕙。”我国观赏与培植兰花比西方栽培洋兰要早得多。

洋兰则是相对于国兰而言的，泛指除了国兰外的所有兰花，而非全部原产西洋。洋兰常见的有：卡特兰、虎头兰、蝴蝶兰、兜兰、文心兰、万代兰、石斛等。洋兰多为附生，栽培需较高的温度和湿度，是当今世界上非常流行的花卉。

木兰——巾帼代言者

植物界有一种植物，叫做木兰，这种植物似乎与生俱来与女英雄有不解之缘，不少民间传说和历史故事中，或是救民于水火之中，或是身着戎装、纵横疆场的女子都是拿木兰目中的一种植物当作自己的闺名。其中最著名的当属代父从军、征战沙场的花木兰了。

木兰目是被子植物中的一目，属于被子植物门木兰纲。通过对早白垩世植物化石的研究，人们发现早期被子植物的花粉粒为单沟类型，且叶脉为组织性相对较差的羽状脉序，叶子为全缘单叶，这与木兰目植物的特点相当接近，因而大多数植物学家们认为木兰目植物是被子植物中较为原始的植物，由于木兰纲植物属于双子叶植物，所以植物学家们基于木兰目的原始性也认为单子叶植物是被子植物中较进化的品种，是早期的双子叶植物退化后形成的。

木兰科植物的花被完全离生，且单生于枝顶，这是原始被子植物的显著特点。

木兰目植物的花多数为虫媒花，花通常单独生长在枝的顶端或腋部，整枝通常呈现为聚伞花序或总状花序。木兰目植物的花被发育良好，具有几乎完全离生的被片，呈各式轮状（常为 3 片）排列或螺旋状排列。此外木兰目的植物具有一个特征：叶部通常生有油细胞，这使得叶子外表看上去光亮干净，油亮的绿叶和美丽的花使得木兰目许多植物看上去格外惹眼。

说起美丽，就不得不提及木兰目中拥有最多观赏植物的木兰科植物，而木兰科植物中最为有名的就是木兰属的玉兰。

相传，在很久以前，在一处深山里住着三姐妹：红玉兰、白玉兰和黄玉兰。一天，她们下山游玩经过一个叫张家界的地方，发现那里风景优美却人烟稀少，询问后才得知，原来是秦始皇赶山填海，杀死了龙虾公主，气恼的龙王锁了盐库，张家界人无盐可吃，致使瘟疫频发。三姐妹决定帮助大家讨盐。然而这谈何容易！在遭到龙王多次拒绝后，三姐妹只得另觅“良策”，她们用自己酿制的花香迷倒了看守盐仓的蟹将军，趁机将盐仓凿穿，使所有的盐都沉入海中。村民得救了，三姐妹却被恼羞成怒的龙王变作了花树。后人为了纪念她们就将那种花树称作“玉兰花”，而她们酿造的花香也变成了她们自己的香味。三位以木兰目植物为名的女英雄诞生了。

春日暖阳下的玉兰花

玉兰，又名白玉兰、应春花、望春花。属于木兰科木兰属，落叶小乔木，高可达10米。因其植株高大，开花位置较高，迎风摇曳时，宛若天女散花般，令人心仪。玉兰的花瓣中含有芳香油，是提制香精的原料，还可薰茶或食用。它的果实能提炼工业用油，花蕾和树皮可入药。

莲花——佛陀的出水芙蓉

如君子般清、高、雅的莲花

宋代思想家周敦颐写过一篇《爱莲说》，分别将牡丹、菊花比喻为世俗中争权夺利之人和厌恶尘世、归隐深山不问世事的隐士，并通过对莲花“出淤泥而不染”的描写，塑造出了一位身处浊世，既不趋炎附势也不一味躲避，而是坚持原则、刚正不阿的君子形象，向人们表达了一种积极的人生态度。

在生活中，尤其是在佛教盛行的国度中，莲花还作为释迦牟尼和观世音菩萨等佛教高层人物的“御座”而被人们所熟知。在佛经中提到：释迦牟尼降生之前，皇宫御苑中曾出现了八种瑞相，百鸟群集，鸣声祥和悦耳，四季花卉一同盛开，尤为奇异的是，在宫内的大池塘中突然长出一朵大如车轮的白莲，白莲长出之时恰是释迦牟尼降生人间之日；释迦牟尼降生之初，在舌根中又闪出千道金光，每一道金光又化作一朵千叶白莲。而到后来释迦牟尼修成正果给众生讲经之时，也常常是坐在莲座之中的。自此，莲座也就成了释迦牟尼的标志性物品了。

端坐于莲座的佛

莲花也称“莲”，即“荷”、“荷花”，别称“芙蕖”、“水芝”等，属睡莲科多年生水生草本植物。莲的叶为圆形，可以浮在水面上，莲叶有长长的叶柄，叶柄上有刺状的绒毛。莲花一般单生在花梗顶端，直径 10～20 厘米，花瓣多为红色、粉红色或白色，能够散发出清新淡雅的香味。雅致的外观、清幽的香气，使莲花自古以来就是著名的观赏花卉。莲花开花后，平顶的莲蓬中每个孔里结一粒种子，即莲子。

莲花生长在水中，茎多数为横向生长，其地下部分有节状膨大的根状茎，这就是我们平日里吃到的莲藕。

莲在我国南北各省都有广泛的栽培。莲全身都是宝，藕、叶、叶柄、莲蕊、莲房、莲子都可用来入药，具有清热止血的功效；莲藕则可作蔬菜食用或提取淀粉，我们平日常吃到的莲菜和藕粉便是莲藕的加工品。

千年古莲开花的秘密

其实，这与莲子本身的结构有关。莲子的外种皮坚硬致密，像个小小的“密封舱”，这个“密封舱”把莲花的种子密闭在其中，可以有效地防止外部的水分和空气渗入，同时还可以防止种子内的水分和空气散失。所以通常情况下莲子的生命活动都极为微弱，相当于处于休眠状态，只有在条件适宜时才会萌发。此外，莲子的长寿也与莲的生长环境有关。存活至今的古莲子通常被埋在 30～60 厘米深的泥层中，上面又有很厚的泥土覆盖，因此古莲子几乎处于一个密闭的环境中。在这样的环境中，古莲子不具生根发芽的条件，因而进一步保存了莲子的生命力。

莲叶是从水下的淤泥中长出，并浮到水面上的，那么莲叶为何能够防水浸而且还能保持清洁呢？

唐代诗人孟郊的《去妇》一诗中“妾心藕中丝，虽断犹牵连”的美文，使得后人们常用“藕断丝连”来形容那些剪不断、理还乱的情绪与关系。但是，是什么使得藕已断开但丝还相连呢？

其实这些丝是莲花块状茎中的导管。植物的导管内壁在一定的部位会特别增厚，这些增厚的部位会形成各种纹理：环状、梯形、网状……一般说来，这些增厚部位一旦断裂，导管也会随之断裂。但莲藕的导管壁增厚部位却连续成螺旋状，特称螺旋形导管。当藕折断时，导管内壁增厚的螺旋部脱离拉长，成为螺旋状的细丝。这些细丝很像被拉长后的弹簧，在弹性限度内不会被拉断，一般可拉长至 10 厘米左右，“藕断丝连”也就由此而出了。

樱花——东瀛之魂

说到樱花，人们首先便会联想到日本。其实，樱花原生长于我国的长江流域，它的传播像所有物种一样呈放射性传播。云南与喜马拉雅地域是最早受惠的地区之一，滇樱花自古以来就闻名天下。相传，日本樱花是由僧人从云南带去日本的，我国的樱花传入日本后，在精心培育下，品种不断增加，成为一个丰富的樱花家族。

日本的象征——富士山与樱花

云南樱花与日本樱花同属，只是花由单瓣变重瓣，色由淡粉红色变深粉红色，这便是二者很重要的两个差别。由于日本樱花的花多为淡粉红色，因此常见有文章称中国樱花来自日本，这种说法实为讹传，但这也与樱花这个名称在我国典籍中记载不多有关。

在日本，比新年更热闹的时节是在4月，因为4月是樱花盛开的时节。一到3月，几乎所有的日本人都会开始盼望着樱花的盛开。等到天气转暖，第一朵樱花开放在春风中时，一年一度的赏樱活动便拉开了帷幕。随着樱花由南向北逐渐开放，整个日本便会沉浸在一片花的海洋和节日的喜庆之中。

樱树为蔷薇科李属植物，整个树冠为卵圆形至圆形，外形十分美观。樱树的叶序呈单叶互生，具腺状锯齿，花单生在枝顶或 3～6 簇生在一起呈伞形或伞房状花序。樱花的果实为红色或黑色，5～6 月成熟。

樱花虽源自中国，但作为一种风景，甚至一种精神，已成为日本特有的文化象征。日本人赏樱的习俗由来已久。据记载，从江户时代起，赏樱就已成为一种民间活动。赏樱花，日语写作“花见”，是日本独特的赏花方式，每当樱花盛开之际，人们群聚于各地赏樱名所，席坐粉白花树下，谈笑春日，尽情捕捉烂漫春光。

目前，日本的樱花品种共有 300 多个，每年 4 月，樱花在日本全岛由南往北依次盛开，如一片片云彩由南往北飘过整个日本。其盛放期约可持续 10 天，最早可观赏到樱花的是冲绳岛，最晚的是寒冷的北海道。

在日本古典文学作品中，关于樱花的描述比比皆是，历代文人墨客留下了不计其数的咏樱之作。

樱花凋谢时节，一阵风吹来，满树的樱花纷纷飘落，树下便响起一阵欢呼声。日本人称这种缤纷落英为“花雨”。看着花雨飘逝，他们不仅没有黛玉葬花般的伤感，还会因沐浴在花雨中倍感快乐。日本人所欣赏的，正是樱花这种轰轰烈烈而生、从从容容而去的生命态度。

美味的蔷薇科植物

梨

草莓

葡萄

桃

樱桃

杏

苹果

大部分常见水果都是蔷薇科植物的果实。

蔷薇科属双子叶植物纲蔷薇亚纲，是经济价值较高的一个大科。

蔷薇科植物多为草本、灌木或小乔木，有刺或无刺，有时呈攀援状；叶多为互生，常有托叶，单叶或复叶；花两性，呈辐射对称，整齐、离瓣、极少为单性或稍不整齐，从上位花到周位花，颜色多样；花萼常 5 裂，偶有 4 裂；花瓣常 5 枚，偶有 4 枚，有时缺；雄蕊常多枚，周位；心皮 1 至多枚，分离或为各式合生；子房由 1 至多个分离或合生的心皮组成，上位或下位；果实类型很多，如蓇葖果、瘦果、梨果或核果。梨果和核果由于果肉厚、糖分高，深受人们的喜爱。

花被的类型

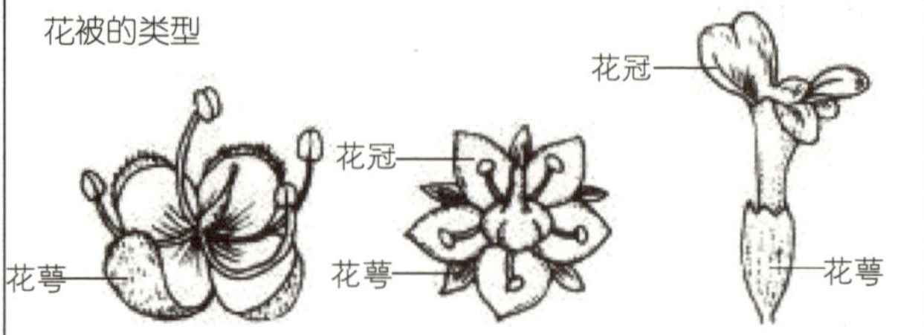

单被花，花被分离　双被花，花被分离　花被合生

平日里我们所说的水果大多都属于蔷薇科，如桃、梨、李、沙果、杏、梅、樱桃、山楂、草莓、枇杷等。

苹果——上帝的禁果

苹果是我们日常生活中最常见也是最受喜爱的水果品种之一。

蔷薇科许多水果的身影都能在我国的古代典故中找到，孔融让梨、桃李满天下、望梅止渴等，却看不到苹果的踪影。难道苹果在我国的栽种到近代才兴起？事实的确如此，苹果是个彻底的舶来品！

苹果是欧洲最古老的栽培果树之一。早在公元前 2 世纪，罗马作家加图就曾记述过 7 个苹果品种。当罗马帝国势力扩展到欧洲中部和北欧时，苹果也随之传播开来，不过主要是用来制酒的小苹果。直到 16 世纪以后，经英国人改进，生食品种的现代苹果才得到发展，并于 17 世纪传至美洲，经过选择形成了一批优良的生食品种，成为北美苹果品种类群，到了 19 世纪，欧洲和世界各地开始引种。

苹果是蔷薇科苹果亚科苹果属植物的统称，属于落叶乔木，喜光，较耐寒。野生果树的株高可达 15 米，不过在栽培条件下一般高 3 ~ 5 米。苹果树的树干呈现灰褐色，树皮有不规则的纵裂或片状剥落。幼枝、叶片和冬芽均有茸毛；叶序为单叶互生，形状为椭圆至卵圆形，叶缘有锯

美丽的苹果花淡雅、柔美，似乎随时、随处都会散发出甜丝丝的香气。

齿；伞房花序，有花 3~7 朵，花淡红或淡紫红色，边缘色泽较深；果实为仁果，呈圆、扁圆、圆锥、长圆、椭圆等形状，由子房和花托两部分发育而成，子房形成果心，花托形成果肉，果皮青、红或黄色，大小因品种而异。大多数品种自花不孕，须种植授粉树，主要通过嫁接繁殖。

老卢卡斯·克拉纳赫的作品《亚当和夏娃》（局部）

禁果源于《圣经》中所提到的亚当和夏娃的故事。在《圣经·创世记》中提到：上帝依照着自己的形象创造了一个男人，取名为亚当。趁亚当睡着的时候，上帝取下亚当的一根肋骨，创造了夏娃。之后，上帝在世界的东方建立了一个名叫伊甸园的花园，园子里有各种飞禽走兽、奇花异草。在这园子的中心长了两棵树，一棵叫生命树，另一棵叫智慧树。上帝将亚当和夏娃带到了伊甸园中，告诉他们：除了生命树和智慧树上的果实外，他们可以品尝园中的任何果实。于是亚当和夏娃便开始了在伊甸园中快乐的日子。

然而在蛇（魔鬼）的引诱下，亚当和夏娃还是偷吃了智慧树上的果实，而且不幸被上帝发现，被赶出了伊甸园。智慧树上的果实因此得名“禁果”，它就是今天我们所说的苹果。

虽然没有明确证据说明苹果能增加智力，不过经研究发现苹果对人体的好处还是不少的。首先，苹果中含有能增强骨质的矿物质元素硼与锰，能够强化骨骼。其次，苹果内含有大量易于被人体吸收的抗氧化成分，对于老年痴呆症和帕金森综合征患者来说，苹果是最好的食品。

最后，讲讲争端之果的来历吧，这可以被称为“一颗苹果引发的血案”。据传说，有一次，天界诸神一起聚会，却忘记邀请厄运女神厄里斯。厄里斯一怒之下，决定报复诸神。她给众神送了一颗金苹果，上面写了几个字——最美者得。天后赫拉、智慧女神雅典娜、爱神阿芙洛狄忒都认为自己有资格得到金苹果。三人请特洛伊王子帕里斯评断，结果帕里斯因为阿芙洛狄忒许诺让他得到美女王后海伦而将金苹果判给了爱神。著名的特洛伊战争由此引起。所以，苹果在西方国家似乎经常跟罪恶的勾当有关，美丽的白雪公主也是因为吃了王后继母的毒苹果才沉睡过去的。而且，似乎每个跟苹果有关的故事中都有一段美丽的爱情——亚当与夏娃、海伦与帕里斯、白雪公主和王子，等等。因此苹果在西方国家往往也是爱情的象征。

鲁本斯的名作《帕里斯的裁决》，帕里斯（右一）手中拿的就是那颗引发了特洛伊战争的金苹果。

桃——桃之夭夭，灼灼其华

“桃之夭夭，灼灼其华；之子于归，宜其室家。”这是我国古代最著名的文学作品之一《诗经·周南·桃夭》中的名句，整首诗分别以桃花、桃实、桃叶来形容一名待嫁女子，从而说明这位女子的美丽动人。

桃属蔷薇科梅亚科李属，原产于我国，是我国最早栽种、专供食用的果树之一，其栽种史已有4000多年。我国桃品种极为丰富，据统计全世界约有1000种以上，我国就有800种，用于生产栽培的有30种左右。

桃花淡雅清丽，比之姿容可人的女子，实在是有过之而无不及。

桃为落叶小乔木，树高可达4～5米，枝条为红褐色。桃的果实为核果，近球形，果顶有平、凹、尖、突之别；除油桃外，表面均布有茸毛；果肉多为白、黄色，或夹有红晕，极少数呈红色；果肉质地或柔软或脆硬、密韧，核与果肉粘着或分离；核表面具沟状或点状纹路。而这种厚果肉包裹硬质果核也是梅亚属植物普遍的特点。

桃和桃汁饮品

桃的果实具有很高的药用价值。唐代医学家孙思邈称其为“肺之果”，说“肺病宜食之”。桃的果肉中富含蛋白质、脂肪、糖、钙、磷、铁和维生素 B、维生素 C 及大量的水分，对慢性支气管炎、支气管扩张症、肺纤维化等症，可起到养阴生津、补气润肺的保健作用。桃子富含胶质物，这类物质到大肠中吸收大量的水分，能达到预防便秘的效果。

摘桃子的时候要小心哦，桃毛有可能会刺激皮肤或呼吸道。

鲜桃极不耐储存，应趁鲜食用。食用前还要将桃毛洗净，以免刺入皮肤，引起皮疹；或吸入呼吸道，引起咳嗽、咽喉刺痒等症。另据《大明本草》中载，将桃晒成干（桃脯）食用，能起到美容养颜的作用，但桃干的含糖量过高，最好用开水与少量绿茶或花茶冲服。而且，桃子并非只有果肉能食用，我国新疆有一种称为“巴旦杏”的桃种，又名扁桃，是食用果仁的珍贵干果，主产于新疆喀什地区。

在日常生活中除了食用的桃、李、梅、杏、草莓等植物外，蔷薇科植物还有一大部分都是观赏花卉，如各种绣线菊、绣线梅、珍珠梅、蔷薇、月季、海棠、梅花、樱花、碧桃、花楸、棣棠和白鹃梅等。

仙人掌——荒漠守护者

仙人掌是仙人掌科、仙人掌属的一种植物，在仙人掌科中还有许多同仙人掌一样通体碧绿，遍布针刺、只不过外形不同的植物，人们通常认为它们只是仙人掌属中不同种的植物而已。事实上，平日里我们所见的那些球状的仙人球属于仙人球属，而那些西部影视片中立于荒漠中的柱状漫生小刺的植物则是仙人柱属植物。

仙人掌科中的绿巨人

仙人掌科是双子叶植物纲石竹亚纲中的一科。该科植物多数为多年生草本植物，少数为灌木或乔木状植物，株高从十几厘米到十几米，差别较大。仙人掌科植物的茎肉质，呈球状、柱状或扁平状，茎上多有关节和分枝，还有一些螺旋状排列的特殊刺座，其上着生有刺、毛、腺体或钩毛和花。仙人掌科植物的花通常为两性，辐射对称或两侧对称，多着生于花的喉部。仙人掌科植物的果实常为肉质浆果。

耐旱的勇士——仙人掌

仙人掌科植物在全世界共有 140 属 2000 余种，大多原产巴西至阿根廷。中国栽培有 600 余种，其中仙人掌属和量天尺属等少数种在南方诸省逸生以供观赏、食用。

为什么仙人掌科的许多植物能够如此耐受干旱的环境呢?

仙人掌科大多数植物的叶子变异成细长的刺或白毛以减少水分的蒸发，减弱强烈阳光对植株的危害，还可使湿气不断积聚凝成水珠，滴到地面被分布得很浅的根系吸收；而它们的茎粗大肥厚多汁、有发达的薄壁组织细胞以及棱状结构，使其身体伸缩自如，体内水分多时能迅速膨大，干旱缺水时能向内收缩，既保护了植株表皮，又能散热降温。另外，仙人掌科植物的茎外表有一层厚而硬的蜡质作为保护层，有些种的植物甚至生有密集的茸毛，保护其不受强光的照射，降低水分蒸发。

香蕉与芭蕉

若被问起猴子和大象最爱吃什么东西，我们肯定不假思索地答出——香蕉。香蕉和芭蕉同属于芭蕉科芭蕉属，其色、香、味、形均很相近，要区别它们，得从外形、颜色和味道等方面着手。

香蕉

香蕉属芭蕉科多年生草本植物，性喜温暖。茎直立，由粗厚、覆瓦状排列的叶鞘包叠而成，通称“假干”。叶聚生于假干顶部，老叶向四周张开，呈伞状。穗状花序，花单性，花束基部为雌花，其上为中性花，顶部为雄花，花色因品种而异。香蕉的果实呈长柱形，弯曲成月牙状，果柄短，果皮上有 5 ~ 6 个棱，肉质，未成熟时为青绿色，成熟时为黄色，并带有褐色斑点，横断面近圆形，果肉香甜可口。

芭蕉

芭蕉原产于日本琉球群岛和中国台湾，为多年生草本植物，具有匍匐茎，假茎绿色或黄绿色，高可达 6 米，略被白粉。芭蕉的叶片长圆形，长可达 3 米，顶端钝圆，基部圆形，不对称；中脉粗大，侧脉多且平行；叶柄长，叶翼散张。穗状花序下垂，苞片红褐色或紫色。

芭蕉科是单子叶植物纲姜亚纲的一科，芭蕉科植物分 3 属 60 余种，主要分布于亚洲及非洲热带地区。芭蕉属植物的叶子巨大，长可达 3 米，宽约 0.4 米，呈长椭圆形，有粗大的主脉，两侧具有平行脉，叶表面浅绿色，叶背粉白色。花多为单性，少数为两性。

鹤望兰——欲飞的花朵

在芭蕉科中，还有一种外形十分奇特而美丽的观赏花卉，那就是鹤望兰。在新几内亚和澳洲地区，生活着一种美丽的鸟儿——天堂鸟（也称极乐鸟），由于这种花与天堂鸟的羽毛颇为神似，所以，鹤望兰还有一个名字叫做天堂鸟之花（极乐鸟之花），这种花被视为自由、幸福与吉祥的象征。

形如仙鹤昂首遥望般的鹤望兰

鹤望兰在我国也是稀有的名贵花卉，它的花极为娇艳，花蕊呈天蓝色，围在花蕊周围的花萼却是艳丽的橙黄色，而托在底部的苞片又是镶有紫色花边的蓝绿色，整个花形绽开在浓郁挺拔的绿叶中，颇似仙鹤昂首遥望之姿。

鹤望兰是芭蕉科鹤望兰属多年生常绿宿根草本花卉，其植株高 1 米左右，地下具粗壮的肉质根，地上茎则很不明显。鹤望兰的叶分二列对生，具坚挺的长柄，叶柄比叶片长 2 ~ 3 倍，中央有纵槽沟。叶片长椭圆形，或长椭圆状卵形，长约 40 厘米，宽 15 厘米，革质，边缘整齐而稍向内倾。花梗从中央叶腋之间抽生，高于叶丛。花序外有总佛焰苞片，长约 15 厘米，绿色，边缘晕红，火焰状的总苞片内着生着 6 ~ 8 朵花。鹤望兰的外花瓣为 3 ~ 4 片，橙黄色，内花瓣也为 3 ~ 4 片，舌状，天蓝色花，外瓣同内瓣一字排列顺序开放，艳丽悦目。花苞向一侧平伸，恰与花梗呈 45 度角，宛如仙鹤翘首远望一般，国人遂以鹤望兰为这种外来植物命名。

鹤望兰的花期自中秋至翌年盛夏，花期长达 100 天以上。鹤望兰为典型的鸟媒植物，在原产地靠体重仅 2 克的蜂鸟传粉，一般需人工授粉后才能正常结果。

棕榈科植物——热带的名片

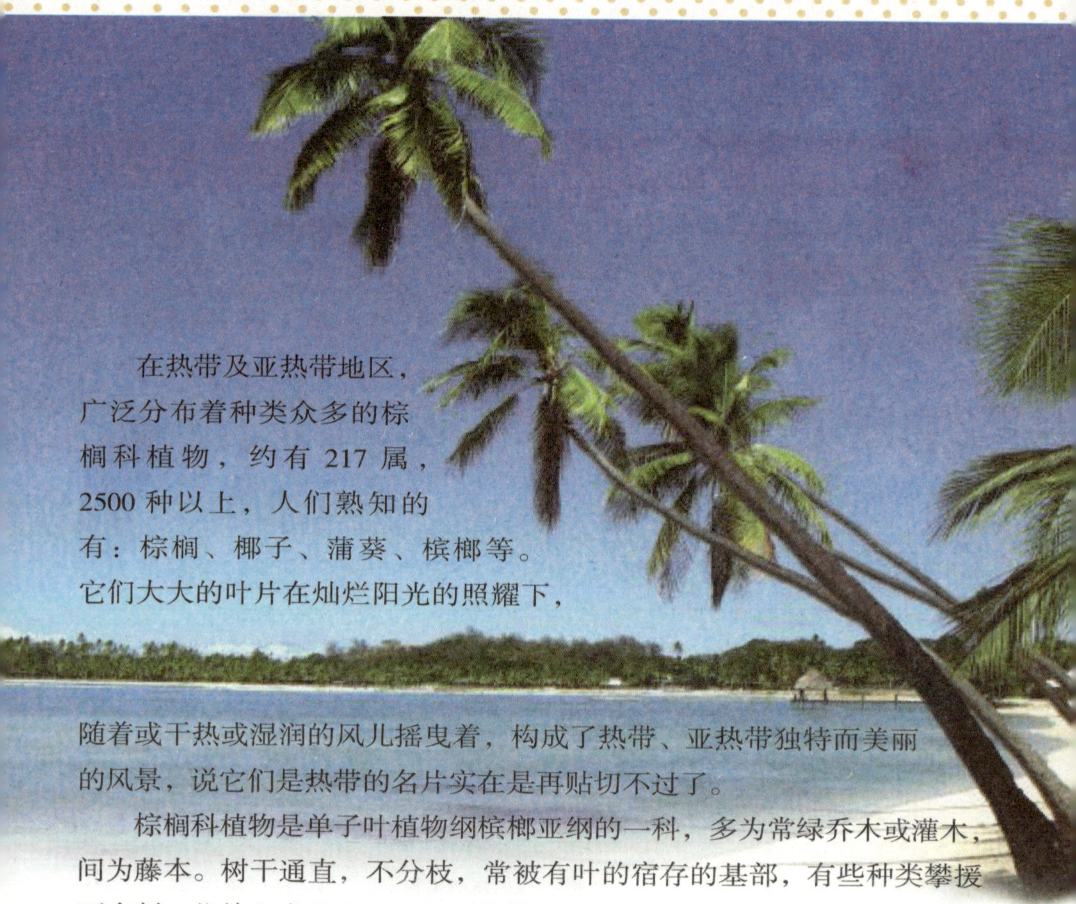

在热带及亚热带地区，广泛分布着种类众多的棕榈科植物，约有 217 属，2500 种以上，人们熟知的有：棕榈、椰子、蒲葵、槟榔等。它们大大的叶片在灿烂阳光的照耀下，随着或干热或湿润的风儿摇曳着，构成了热带、亚热带独特而美丽的风景，说它们是热带的名片实在是再贴切不过了。

棕榈科植物是单子叶植物纲槟榔亚纲的一科，多为常绿乔木或灌木，间为藤本。树干通直，不分枝，常被有叶的宿存的基部，有些种类攀援而多刺。茎单生或丛生，地上不分枝（海菲棕属除外）。叶互生，常聚生于树干的顶端，但在藤本中则散生，叶片极大，螺旋状排列，呈全缘、羽状或掌状分裂，叶柄基部常扩大成一纤维状的鞘。棕榈科植物的花通常较小，多为淡绿色，圆锥花序或穗状花序，花被六裂，两列，裂片离生或合生，通常具雄蕊 6 枚。棕榈科植物的果实为核果或浆果，外果皮多为纤维质，内果皮坚硬。种子富含油分，棕榈、椰子等均是世界上著名的油料作物。

棕榈科植物主要分布于亚洲、美洲热带地区。巴西是世界上棕榈植物最丰富的国家。我国约有 22 属 70 余种，主产于南部和台湾等省。

棕榈

棕榈，也称“棕树”，是国内分布最广、纬度最高的棕榈科树种。喜温暖、湿润的气候，喜光，但耐寒性也极强，可忍受 -14℃的低温，是我国栽培历史最早的棕榈类植物之一。

棕榈属棕榈科常绿乔木。树干通直，呈圆柱形，不分枝，树干周围包以叶鞘形成的棕皮，树冠伞形。叶片大，集生于树干顶端，掌状深裂，叶柄长而有细刺。

棕榈树如伞的树冠令人赏心悦目、心旷神怡。

棕榈多栽植于庭院、路边及花坛之中，树势挺拔，四季均绿叶葱茏，是一种极佳的观赏植物。另外，棕榈的树干还可用作亭柱等，或制器具，并可提取棕纤维，制成绳索、毛刷、地毡、蓑笠、床垫等，叶可制成扇、帽等工艺品。在中医学上，叶柄基部的棕毛还可入药，主治咯血、崩漏、便血、下痢等症。

椰子——来自热带的“宝树”

椰子可说是棕榈科中最为人们所熟悉的一种植物了。椰树是一种古老的栽培作物，原产地说法不一，有说产于南美洲，不过大多数人认为是起源于马来群岛。现广泛分布于亚洲、非洲、大洋洲及美洲的热带海滨及内陆地区。我国种植椰子已有 2000 多年的历史，现主要集中分布于海南各地，此外台湾南部、广东雷州半岛、云南等地也有少量分布。

椰树属棕榈科椰属，为常绿乔木。树干挺直，高可达 25～30 米，单项树冠，整齐。叶为羽状复叶，全裂，长 4～6 米，裂片较多，每叶有 180～250 片小叶，小叶革质，线状披针形，长度超过 1 米。叶腋处生长有佛焰花序，椰树的雄花聚生于分枝上部，雌花散生于下部；雄花具鳞片状的萼片，花冠开裂为 3 瓣，革质，花冠呈卵状长圆形，长 1～1.5 厘米；雌花基部有小苞片数枚，花瓣与萼片相似，但较小。

椰子除了其果实有很大的作用外，其他部分的功用也不小：椰壳可以烧制活性炭或加工成各种器皿、椰雕、乐器；椰干可加工成椰油；椰木质地坚硬，花纹美观，可做家具或建筑材料。椰子的综合利用产品达 360 多种，在国外有“宝树”、“生命木”之称。

槟榔——醉人的果实

900 多年前，贬居海南岛的苏东坡曾即兴写下了“两颊红潮增妩媚，谁知侬是醉槟榔”的诗句，描绘的就是当地的黎家少女嚼食槟榔后面红耳赤目眩，如醉酒一般的情景。

槟榔是棕榈科中的常绿乔木，它原产于东南亚地区，在我国福建、广东、云南、台湾等地也广有栽培。

槟榔的植物形态示意图

槟榔树的外貌与椰子树相似，树干高而挺拔，不分枝，叶脱落后形成环纹。叶在顶端丛生，羽状复叶，叶面光滑，总叶柄三角状，有长叶鞘，小叶披针状线形或线形，先端呈截断状。槟榔每年开花两次，花期 3～8 月，冬花不结果。槟榔每年 12 月至翌年 2 月结果，果实长椭圆形，熟时红色，花萼和花瓣宿存，中果皮厚，内含一粒种子，种子富含槟榔碱和鞣酸等。

槟榔的果实可食，南方一些地方尤其是海南等地的人们，有咀嚼槟榔的习惯，愈嚼愈香，醇味醉人。海南人一直把槟榔作为上等礼品，认为“亲客来往非槟榔不为礼”。

槟榔的种子也是中医学上常用的一种药材，是我国四大南药之一，有止泻治痢、杀虫去积等功效，别名“洗瘴丹”。

辣椒——享受“痛”的折磨

除了番茄之外，茄科还有一种我们熟知的植物——辣椒。

辣椒原产于南美洲的热带地区。一直到15世纪末，在哥伦布发现美洲之后，辣椒才被带回欧洲，并由此传播到世界其他地方。而辣椒被四川人称为海椒，也正说明它是从海外传入的。下江人尝试辣椒之时，四川人尚不知辣椒为何物。有趣的是，辣椒在中国最先见于江浙、两广，但却没有在那些地方被充分利用，反而是在长江上游、西南地区兴盛起来。到了清代嘉庆以后，黔、湘、川、赣几省已经“种以为蔬”，“无椒芥不下箸也，汤则多有之。”

长在藤上的绿辣椒

辣椒，又叫番椒、海椒、辣子、辣角、秦椒等，是茄科辣椒属的一年生草本植物，在热带则是多年生的灌木。辣椒的叶片呈卵圆形，无缺刻，单叶互生。花单生或簇生，呈白色或淡紫色，花萼杯状。辣椒的果实为浆果，通常呈圆锥形或长圆形，有朝天或向下之分；辣椒果未成熟时呈绿色，成熟后变成红色或橙黄色，也有彩色的品种，会呈现出紫色、褐色等，味辛辣或极辣。辣椒的种子藏于辣椒果实中，形状多数为肾形，颜色为淡黄色。

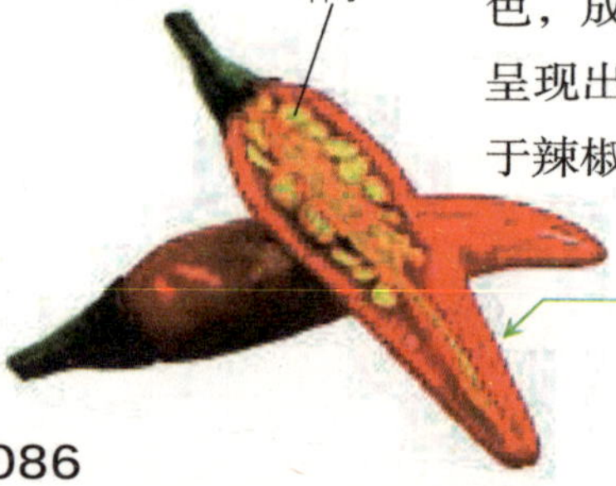

辣椒的剖面

人们通常将辣椒的味道称为“辣味”，而且有不少人对这种“辣味”无比喜爱。事实上，我们舌头的味蕾并没有感受辣的区域，辣椒的辣其实是辣椒中的辣椒素刺激人的神经末梢产生的一种痛觉，既然是痛觉，那为什么喜食辣椒的人，在被辣椒辣得嘴巴发烧、泪汗直流时，还要继续大口地食用这种带来强烈痛觉的植物呢？

辣椒中维生素C的含量在蔬菜中居第一位，此外，辣椒中还含有丰富的β－胡萝卜素、叶酸、镁及钾等人体必需的化学物质。辣椒中的辣椒素还具有抗炎症及抗氧化作用，有助于降低心脏病、某些肿瘤及其他一些随年龄增长而出现的慢性病的风险。经研究发现，辣椒可增加人体的能量消耗，有减肥功效。以前人们认为，经常吃辣椒会刺激胃酸的分泌，甚至引起胃溃疡。但事实刚好相反，辣椒素会抑制胃酸的分泌，刺激碱性黏液的分泌，有助于预防和治疗胃溃疡。只是在胃溃疡已经发生的情况下再进食辣椒才会因伤口受到刺激而加重病情。

辣椒的种类很多，辣度也不尽相同。

墨西哥人喜爱辣椒是全球闻名的，墨西哥的辣椒更是全球闻名，甚至成了墨西哥的一张独特的国家名片。

枸杞——茄科的“红姑娘”

枸杞鲜艳的果色，娴静的姿容，也为其赢得了另一个好听的名字——红姑娘。

枸杞自古就被誉为生命之树，早在4000多年前的殷商文化中，就已经有了关于枸杞的记载，古人认为常食枸杞可“留住青春美色”、“与天地齐寿”，因此，枸杞花被称为“长生花”，枝条被称为“仙人杖”、“西王母杖”。秦始皇曾为了长生不老，费尽心机寻求长生之药，宫中被视为三大处方秘药——返老还童丸、七宝美髯丹、延龄固本丸，其中都有枸杞的成分。

枸杞在我国各地均有野生，甘肃、宁夏、青海、陕西、河北、广东等地栽培较多。

从古至今，枸杞在祖国的传统医学中一直具有十分重要的地位，其药用价值备受历代医学家的推崇，被人们视为能够强身健体、益寿延年的十全十美的滋补极品、神品。其嫩茎、叶可作蔬菜。中医学上以果实（枸杞子）、根皮（地骨皮）入药。枸杞子性平、味甘，有补肾益精、养肝明目的功效，而且还是中医学上常用的防治癌症的药材。地骨皮则有清虚热、凉血的功效，对虚劳发热、盗汗、咯血等病症有良好的疗效。

世界的口粮

麦——芒刺下的穗粒

"五谷"

"谷"原指有壳的粮食。在《论语》出现前，是没有"五谷"这个概念的，我们在《诗经》和《尚书》中看到的有关农作物的描述是"百谷"。"五谷"一词的出现，标志着人们已经有了比较清楚的植物分类概念，他们已经懂得通过植物的外形和生长习性来区分不同的作物种类。

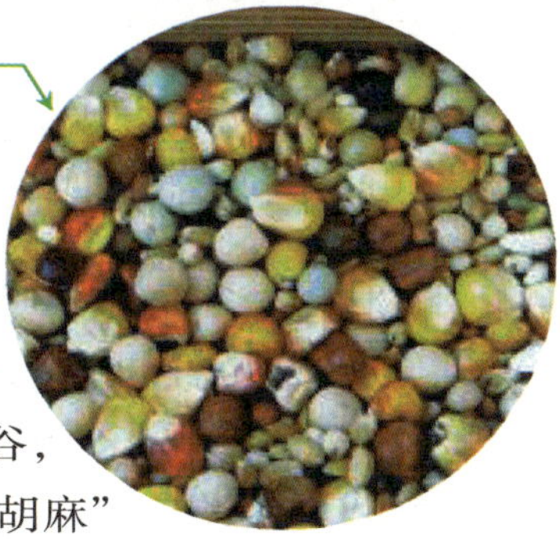

在古代，认得五谷比识文断字重要得多。

在《黄帝内经》中，"五谷"被定义为"粳米、小豆、麦、大豆、黄黍"，而在《孟子·滕文公》中则称"稻、黍、稷、麦、菽"为五谷，在佛教祭祀时又称"大麦、小麦、稻、小豆、胡麻"为五谷。通过现代的植物分类学观点对这些内容进行分析，我们最终将"五谷"浓缩为两个答案：第一种指稻、黍、稷、麦、菽，第二种则是麻、黍、稷、麦、菽。这两种说法结合起来就得到了六种作物，其中麻即我们今天的大麻，是当时制造衣物的主要原料。如果五谷单纯指粮食作物的话，它理应指稻、麦、黍、稷、菽五种。

这五种粮食作物除了菽（即豆类）之外，其他四种均属禾本科植物。据估计，全世界的耕地中有超过90%用于种植禾本科作物。

东汉时期表现农耕的画像砖——《弋射收获图》

禾本科在世界分布有660属近10000种，其数量之多，居高等植物之冠。禾本科植物的环境适应能力普遍很强，足迹遍及全球，是人类粮食和牲畜饲料的主要来源，也是加工淀粉、制糖、酿酒、造纸、编织和建筑方面的重要原料。

金黄的麦田

麦

麦是禾本科一二年生草本植物，在我国栽培的种类很多，有小麦、大麦、燕麦、黑麦等，其中尤以小麦、大麦两种分布最广。在这里我们主要讲述一下在我国栽培最为广泛的小麦。

小麦是禾本科小麦属的植物，它是我国北方主要的粮食作物，主要的产区分布在我国的中原地区。

在春秋之前，小麦同粟和黍一样是在春天播种、秋天收获的。不过小麦这种作物的幼苗耐寒性很好而种子耐寒性却很差。我国北方春天少雨，土壤干燥，小麦种子很容易受到破坏。随着对小麦生长习性的认识，人们发现我国北方秋季多雨适合播种小麦，冬季的幼苗又能挺过严寒。到夏初则刚好能够收获从而弥补了粟黍夏季青黄不接的情况。“冬麦”的名称也由此得来。冬麦的播种方式巧妙地避开了北方的少雨季节，由于其具备夏季收获的特点而逐渐成为了北方的重要种植作物。

小麦为一二年生草本植物。小麦的茎秆中空或基部有髓，有分蘖；叶片呈长披针形；颖花呈穗状花序排列，整个穗子直立，穗轴延续而不折断；小穗单生，含 3～5 朵花，且穗上部的花不育；种子外面被有颖片，颖片革质，卵圆形至长圆形，外稃为船形，顶端有芒或无芒，其形状、色泽、芒的长短等随品种而异；果实为颖果，通常较大，外形为长圆形，顶端有毛，腹面具深纵沟，不与稃片粘合而易脱落。

小麦的颖果富含淀粉、蛋白质、脂肪、矿物质、硫胺素、核黄、烟酸及维生素 A 等。因品种和环境条件不同，营养成分的差别较大。从蛋白质的含量看，生长在大陆性干旱气候区的麦粒质硬而透明，含蛋白质较高，达 14%～20%，面筋强而有弹性，适宜烤面包；生长于潮湿条件下的麦粒含蛋白质 8%～10%，麦粒软，面筋差，可见地理气候对产物形成过程的影响是十分重要的。面粉除供人类食用外，还有少量用来生产淀粉、酒精、面筋等，加工后副产品均为牲畜的优质饲料，麦秆还可用作编织和造纸等的原料。

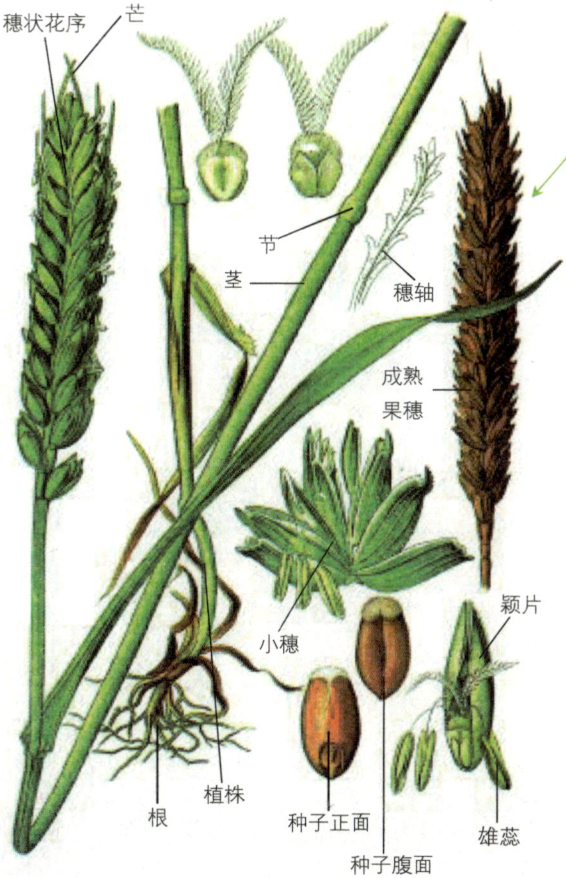

小麦的植物形态示意图

脱去颖壳的麦粒

麦粒和面包

稻——沉甸甸的成熟

现在我们在水田中种植的水稻被称为栽培稻，是野生稻种经过人类上万年的栽培、驯化、选择良种等过程而产生出来的物种。科学家们针对水稻及其亲缘关系接近野生种遗传物质的相近程度以及这些物种之间的演化关系开展了长期的研究，希望能够依靠这些研究揭开栽培稻起源之谜。目前人类对水稻起源的认识仍十分肤浅，这和水稻居世界第一大作物的地位是极不相称的。

关于水稻起源地，有印度起源说、喜马拉雅山东南起源说、我国华南起源说、淮河及长江中下游起源说等多种观点。20 世纪 80 年代以来，利用基因或 DNA 片段中的遗传信息探讨生物的起源和演化已成为越来越重要的研究手段，其中一个重要方面就是利用分子钟原理对类群起源和分化时间进行估计。

这些低垂的沉甸甸的稻穗，是否也有“我从哪里来？要到何处去”的思考呢？

现在我国大规模种植的水稻属于禾本科稻属，一年生栽培谷物。水稻的不定根发达，可以帮助植株固定在水田中，而不会因外力轻易移动；茎秆直立，通常高 30～100 厘米；叶呈线状披针形；花序为圆锥花序，且是自花授粉。小穗为长圆形，两侧压扁，每个小穗含 3 朵小花，颖极退化，仅留痕迹，顶端小花两性，外稃舟形，有芒；雄蕊 6 枚；退化 2 花仅留外稃位于两性花之下，常误认作颖片。水稻的果实属于颖果，是其食用部位，水稻的颖果也是世界主要粮食作物之一。

稻并非全都在水环境中生长，其中有一种旱稻就是土生植物，不过大多数的稻都在热带、亚热带和温带等地区的沿海平原、潮汐三角洲和河流盆地的淹水地栽培，因此也得名水稻。

1974 年，袁隆平成功地用科学方法培育出了世界上的首例杂交水稻，令水稻的产量大幅增加，被人们亲切地称为“杂交水稻之父”。早在 20 世纪 60 年代，袁隆平就敏锐地意识到：对于雌雄同花、通常是自花授粉的水稻，要实现其自然杂交并产生杂交优势的关键就在于要培育出雄性不育的植株。于是，袁隆平带领团队对世界上几百个稻种不懈地探索，终于在海南岛找寻到一种能够自然杂交的被称为“野稗”的野稻，并成功地与现有水稻配种出一些组合稻种。这些组合稻种无法自体授粉，而需依靠旁株稻种的雄蕊授粉，但产量大幅提高。不过最初的几年，培育出的新稻种虽然穗量增加，而且多数雄蕊没有花粉，但其中有的却依然能够产生花粉，通过自花授粉产出下一代，而且稻量不丰；袁隆平并没有放弃，经过了近 9 年的不断努力，奇迹终于展现在人们眼前：上万株的新稻雄花均没有花粉，完全达到杂交的要求，这就是袁隆平的三系（雄性不育系、保持系——使后代保持雄性不育的性状、恢复系——恢复雄性可育能力）法杂交水稻。

自此，杂交水稻开始在全国大面积推广，并取得了巨大的经济效益。

玉米——翠衣黄金塔

你说奇怪不奇怪？头上长出胡子来。脱下衣服七八层，露出全身珍珠来。

你知道这则谜语的谜底吗？对，谜底就是玉米。

籽粒饱满的玉米果实

玉米也称“玉蜀黍”、“苞谷”、“苞米”等，是禾本科一年生草本植物。玉米植株高1~4.5米；根系强大，为须根系，除胚根外，还从茎节上长出节根：从地下节根长出的称“地下节根”；从地上茎节长出的节根称“支持根”、“气生根”。茎秆粗壮，呈圆筒形。有叶15~22片，叶宽大，线状披针形，叶缘常呈波浪形。花单性，雌雄同株，雄花生于植株顶端，为圆锥花序；雌花生于植株中部叶腋内，为肉穗花序，外有总苞。

玉米植株

按照玉米籽粒的性状，玉米可分为马齿型、硬粒型、爆裂型、蜡质型、甜质型、甜粉型、粉质型、有稃型等八种类型，其中以马齿型和硬粒型两种栽培最为广泛。

玉米性喜高温，适宜疏松肥沃的土壤。据考证，玉米原产于南美洲，早在7000年前，美洲的印第安人就已经开始种植玉米了，随着西欧殖民者侵入美洲，玉米种子被大量带回欧洲，之后，玉米开始在亚洲和欧洲被广泛种植。大约在16世纪中期，中国开始引进玉米，18世纪又传到印度。到目前为止，世界各大洲均有玉米种植，其中北美洲和中美洲的玉米种植面积最大。

如今，人们已培养出了很多不同品种的玉米，能够为人们提供更多的选择。

玉米是三大粮食品种之一，为解决人类的温饱问题起到很大作用。时至今日，玉米仍然是全世界各国人民餐桌上不可或缺的食品：在“玉米的故乡”墨西哥，“国菜”——玉米饼的年消耗量达到1200万吨之多，人们无论贫富贵贱都非常喜欢食用；在发达国家和地区，玉米也被作为补充人体所必需的铁、镁等矿物质的来源而被人们广泛食用；在某些贫困国家和地区，玉米依然是人们廉价的果腹之物。

玉米中含有丰富的维生素B_6、烟酸等成分，具有刺激胃肠蠕动、加速粪便排泄的特性，可防治便秘、肠炎、肠癌等，是粗粮中的保健佳品，对人体的健康颇为有利。玉米须（玉米的花柱和柱头）还是中药中常见的药材，性平、味甘淡，有利尿消肿之功效。

薄荷——清凉的精灵

散发着迷人清凉香气的薄荷

薄荷是我们日常生活中经常能够遇到的一种植物，它们通常是用作食品添加剂以及香水、化妆品的辅助成分，在人类生活中发挥着巨大作用。

薄荷的使用历史已经超过了 2000 年，据记载，古罗马人在出席宴会时经常会头戴一个由薄荷叶编成的头冠，这样的头冠在罗马人看来具有解毒和杀菌的功效。此外，罗马人还会将薄荷的提取物掺入酒中饮用。

不过，罗马人并非是最早使用薄荷的民族，在此之前的 1000 年，希伯来人就已经开始利用薄荷制作香水。希伯来人深信薄荷有催情的作用，以薄荷制成的香料一定会引起异性的注意。在希腊传说中就有一个与薄荷有关的神话故事：传说冥王哈迪斯（Hades）爱上了美丽的精灵曼莎（Menthe），哈迪斯的太太佩瑟芬妮知道后，十分懊恼，为了使冥王忘记曼莎，她将曼莎变成了一株不起眼的小草，长在路边任人踩踏。可是内心坚强善良的曼莎变成小草后，身上却拥有了一股清凉迷人的芬芳，越是被摧折踩踏就越浓烈，得到了越来越多的人的喜爱，人们把这种草叫薄荷（Mentha）。人们闻到薄荷清新无比的香气，便会想到那段刻骨铭心的爱情。直至今日，在希腊人的婚礼上，年轻的新娘还会用薄荷和马鞭草来编织头饰，以期有个终身难忘的美好回忆。

薄荷属唇形科多年生草本植物，株高10～80厘米，全株有异香。薄荷的茎有直立茎和匍匐茎两种，茎的截面为方形，具有分枝，茎上生有倒生柔毛；叶对生，叶形多为披针形、卵形或长圆形，叶的先端锐尖或渐尖，边缘有细锯齿，叶的两面都稀疏长有短小的柔毛，这些分布于茎、叶的柔毛下都有腺体，而薄荷本身特殊的香味就是这些腺体分泌出的高挥发性化学物质散发出来的；薄荷一般在8～10月开花，唇形花轮生于叶腋，花萼外部覆盖着软毛和腺鳞，花冠青紫色、淡红色或白色，花冠通常开裂为4瓣，其中居于上方的两片较大。

薄荷给人的感觉，总是那么清凉舒爽。

在我们食用薄荷制品，尤其是一些烈性品类时，常会感到有股猛烈的凉意，这是由于其中的薄荷油能刺激神经末梢的冷感受器所致。根据这种特性，内服薄荷油制成的药品可以刺激中枢神经系统，使皮肤毛细血管扩张，促进汗腺分泌，从而起到发汗解热作用。此外，薄荷煎剂对疱疹病毒、森林病毒、流行性腮腺炎病毒有抑制作用，同时还对导致人体多种炎症发生的葡萄球菌、链球菌、肠炎球菌、杆菌等烈性致病菌都有一定的抑制作用。

守候着爱情的熏衣草

紫蓝色的熏衣草的海洋，似乎还在诉说那一段未了的情缘。

熏衣草在罗马时代就已是种植普遍的香草，关于熏衣草，有这样一个凄美的传说：

古时候的普罗旺斯有个美丽的女孩，一天，她独自在寒冷的山谷中采着含苞待放的花朵。在回家途中，遇见一位来自远方的受伤旅人向她问路。少女捧着满怀的花束，就在四目相视的一瞬间，少女的心被青年热情奔放的笑容占据了。她不顾家人的反对，坚持让青年留在家中疗伤。日子一天天过去，青年的伤已好，两人的感情也日渐深厚。

在一个微凉的清晨，青年准备告别离去，热恋中的少女坚持要和他一起浪迹天涯。村中的老人在少女临走前，握着一把初开的熏衣草花束，让痴情的少女用这初开的熏衣草花束试探青年的真心。因为据传说，熏衣草花束的香气会让不洁之物现形。正当青年牵着少女的手准备远行时，少女将藏在大衣内的一把熏衣草花束丢掷在青年的身上。没想到，青年的身上发出一阵紫色的轻烟之后，就倏然消逝了。山谷中只剩下了冷风吹过的飕飕声。没过多久，少女也不见了踪影，有人说她是被青年幻化成了山谷中一株熏衣草，而在遥远的将来，青年会回来取走这只花，并将它还为人形与她成婚。自此之后，熏衣草的花语就成为了等待爱情。

熏衣草又名灵香草、香草、黄香草，为唇形科，多年生草本或半灌木，有强烈芳香。原产于地中海沿岸、欧洲各地及大洋洲列岛，如法国普罗旺斯，后被广泛栽种于英国及南斯拉夫。

熏衣草的茎有星状绒毛，多分枝；叶对生，披针状线形，全缘且反卷；夏季开花，花呈浪漫的紫蓝色，每6~10朵轮生，在茎的顶端密集成轮状聚伞花序，花长约1.2厘米，花冠下部筒状，上部唇形，上唇2裂，下唇3裂，每当花开时节风吹起时，一片片的熏衣草田宛如深紫色的波浪层层叠叠地上下起伏，迷人眼目；果实为坚果，果小，呈椭圆形。

当然，熏衣草最常见的用途，还是作为香精等被用于各种香水、护肤品等的化妆品制造中，这也为其赢得了另一个好听的别名——“宁静的香水植物”，全株花朵还可做香包，其香气能醒脑明目、驱除蚊蝇。此外，熏衣草还有“芳香药草”之美誉，其茎和叶都可入药，是治疗伤风感冒、腹痛、湿疹的良药。而且，熏衣草的提取物适合于任何皮肤，有促进细胞再生、加速伤口愈合之功用，对烧、烫、灼、晒伤有奇效，可以抑制细菌、减少疤痕。熏衣草的功效如此之多，以致人们亲切地赞其为“香草之后”。

“香草之后”给人们的生活平添了无限的芬芳与暖意。

迷迭香——记忆的香草

戏剧大师莎士比亚的名剧《哈姆雷特》中有一句台词：“迷迭香是为了帮助回忆，亲爱的，请您牢记。”美丽善良的奥菲莉亚这动人的话语曾经感动了无数人的心，也让人牢牢记住了这代表着回忆与怀念的优雅花朵。在花语中，迷迭香代表的就是回忆与思念。

奥菲莉亚的台词也直接地表达出了迷迭香的一项极为重要的功用——改善记忆。其实，这些并非都是毫无依据。

迷迭香是目前世界上公认的具有较高抗氧化作用的一种植物，其中的抗氧化成分主要为迷迭香酚、表迷迭香酚、异迷迭香酚、迷迭香酸及黄酮、黄酮苷等，就是这些独特的物质，让迷迭香能够散发出令人头脑清醒的香味，能增强脑部的功能，可改善头痛，增强记忆力等。

英国画家 John Everett Millais (1829—1896) 笔下的奥菲利亚，那些紫色的小花就是迷迭香。

迷迭香原产于欧洲及北非地中海沿岸，是唇形科常绿小灌木。其植株直立；叶灰绿色，对生，呈线形，革质；每年夏季开花，花唇形，紫红色，轮生于叶腋，就像一颗颗蓝莹莹的水滴。迷迭香的拉丁文名为 *rosmarinus*，意为“海中之露”，实在是再贴切不过了。

迷迭香整株都具有浓烈的芳香，因此被人们广泛用作芳香油提取物，用于调制日化用品香精。

据传说，迷迭香的花本来是白色的，在圣母玛利亚带着圣婴耶稣逃往埃及的途中，圣母曾将她的罩袍挂在迷迭香树上，迷迭香为圣母的慈惠所折服，为了表达对圣母的敬意，从此以后，迷迭香的花就变为蓝紫色了，并具有了某种神圣的力量。于是，圣徒们将它视为神圣的供品，广植于教堂的四周，并称其为“圣母玛利亚的玫瑰”，而迷迭香也便有了忠诚的含意，因此在欧洲的婚礼中，也常见新娘以迷迭香作为配饰，向世人昭告她的此情不渝。

美丽的迷迭香

如今，迷迭香更常见的用途是作为香料，调制各种香精。

茶——中华之粹

这碧绿的，便是茶树叶了。

在中国古代文献中，很早便有关于茶的记载。西汉武帝时，出使印度支那半岛的使者便将茶随着黄金、锦帛一起带出了国门；南北朝时齐武帝永明年间，我国茶叶随出口的丝绸、瓷器传到了土耳其；唐顺宗永贞元年，日本最澄禅师回国，将中国的茶籽带回了日本。尔后，茶从我国不断传往世界各地，使它知音满天下。

茶原产于我国，在印度等国也有出产。茶也称“茗”，是山茶科山茶属的多年生常绿灌木。人工栽培的茶树由于经常通过被修剪而抑制其纵向生长，所以树高多在 0.8 ~ 1.2 米；而在热带地区的野生茶树则多为乔木型，株高可达 15 ~ 30 米，树龄可达数百年至上千年。

茶树的叶片革质，呈长椭圆状披针形或倒卵状披针形，边缘有锯齿。茶的叶片就是我们通常所说的茶叶，茶叶内含有咖啡碱、挥发油等成分，有兴奋大脑和心脏的作用，这也是它通常被用作提神醒脑之物的原因。

茶叶由于其生长环境和加工方法的不同，在口感上有很大差别，因而，作为饮品的茶叶，通常是按照加工时的工艺来加以分类的，大体上可分为绿茶、红茶、青茶、黄茶和黑茶五种。

绿茶是我国产量最多的一类茶叶，其品种之多居世界首位。绿茶是一种不经发酵直接加工的茶叶，它是将采摘来的鲜叶先经高温杀青，杀灭了各种氧化酶，保持了茶叶的绿色，然后经揉捻、干燥而制成，清汤绿叶就是绿茶品质的共同特点，也是绿茶名字的由来，其中最为著名的当属杭州的西湖龙井茶了。

红茶是在绿茶的基础上，经萎凋、揉捻、发酵、干燥等典型工艺过程精制而成的。因其干茶色泽和冲泡的茶汤都以红色为主要色调，故名红茶。

青茶也称乌龙茶，属于半发酵茶类，即制作时适当发酵，使叶片稍有红变，是介于绿茶与红茶之间的一种茶类。它既有绿茶的鲜浓，又有红茶的甜醇。因其叶片中间为绿色，叶缘呈红色，故有“绿叶红镶边”之称。

黄茶是由于在制茶过程中，经过闷堆渥黄过程，因而形成黄叶、黄汤而得名的。

黑茶所采集的原料质地粗，且多为老叶，加工时堆积发酵时间较长，使叶色呈暗褐色，是藏、蒙古、维吾尔族不可缺少的日常必需品。

从世界范围来看，在以上几类茶中，以红茶的数量为最大，其次是绿茶。在中国、日本等国家，饮茶品茗早已成为一种文化，茶道、茶艺便是作为一种精神享受传承至今。

由于茶叶中含有较多的咖啡因、活性生物碱以及多种芳香物质，因此服用茶叶泡出来的水会使人的中枢神经系统兴奋，这也是茶叶提神的原因。但是有神经衰弱、心脑血管病的患者应适量饮用，而且不宜在睡前或空腹时饮用。另外平时情绪容易激动或比较敏感、睡眠状况欠佳和身体较弱的人，以及儿童、孕妇等也不宜饮用，尤其是晚上还是以少饮或不饮茶为宜，以免影响睡眠。

饮茶品茗早已成为一种文化。

咖啡——美洲的洋玩意儿

公元6世纪时，有一位依索比亚的牧羊人，他在某一天突然发现自己所饲养的羊群疯狂地到处蹦跳不停，在惊异之余，牧羊人仔细地观察羊群，发现原来羊只是在吃到了一种红色的果实之后，才会有如此兴奋的反应，后来他将这些红色的果实拿到镇上，分给修道院里的僧侣们吃，僧侣们吃过后都感到神清气爽，精神振奋，因此所有的人便都把这种果实拿来作为提神用的药，这个红色的果实便是咖啡的原料——咖啡豆。

羊儿们就是误食了这种红色的咖啡果实而变得异常兴奋。

咖啡是茜草科咖啡属的常绿灌木或小乔木植物，这种植物有主枝以及繁杂的侧枝系统，而主干则明显较粗壮。咖啡的茎直立；叶对生，叶色为绿色、质地类似皮革、叶的表面有光泽，叶呈长卵形而尖；一年开2～3次花，花单生或为腋生的花束，白色，萼4～5齿裂，花冠4～8裂。咖啡的果实为椭圆形浆果，内有种子两粒，成熟时呈红色、紫红色。

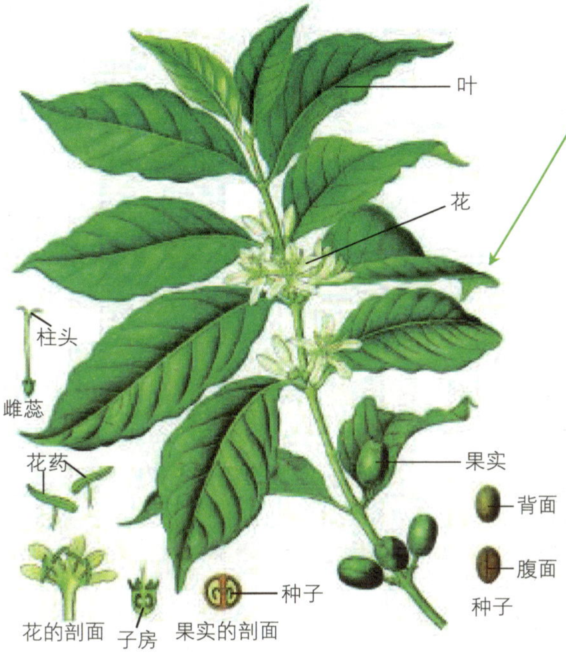

咖啡的植物结构示意图

咖啡的种子，也就是我们平常所说的咖啡豆。

古时候的阿拉伯人最早把咖啡豆晒干熬煮后，把汁液当作胃药来喝，他们认为这样可以帮助消化。后来因为发现咖啡还有提神醒脑的作用，同时由于回教严禁教徒饮酒，因而就用咖啡取代酒精饮料，作为提神的饮料而时常饮用。15世纪以后，到圣地麦加朝圣的回教徒陆续将咖啡带回居住地，使咖啡渐渐流传到埃及、叙利亚、伊朗和土耳其等国。

咖啡进入欧洲大陆，当归功于土耳其的鄂图曼帝国，由于嗜饮咖啡的鄂图曼大军西征欧陆且在当地驻扎数年之久，在大军最后撤离时，留下了包括咖啡豆在内的大批补给品，维也纳和巴黎的人们得以凭借这些咖啡豆和从土耳其人那里得到的烹制经验，发展出欧洲灿烂的咖啡文化。战争历来是攻占和毁灭，却意外地带来了文化的交流乃至融合，这可是征服者们始料未及的。

随着咖啡越来越受到大众的喜爱，栽培咖啡的人也愈来愈多。18 世纪初，法国海军上将德·克鲁在船上用自己的饮用水，灌溉桶中的咖啡幼苗，而后将之种植于法国领地马尔其尼克岛。不久之后，咖啡流传到中南美洲，咖啡的栽植也扩展到世界各地。

风行于欧洲的咖啡原产于非洲北部和中部的热带地区，其栽培历史已有 2000 多年。但目前，世界咖啡主产区已经转移到了拉丁美洲、非洲和亚洲。目前，我国咖啡的主要栽培区域分布在云南、广西、广东和海南。

咖啡中的咖啡因，难溶于冷水，却易溶于热水。咖啡因能刺激大脑皮质、消除睡意、增加感觉与思考力以及可作调节心脏机能的强心剂，也有扩张肾脏血管、利尿等作用。通常在一杯咖啡中，咖啡因的含量只有 60～65 毫克。可是一旦摄取过多的咖啡因，则容易产生耳鸣、心跳加快等不良反应。嗜咖啡者在达到了提神醒脑目的的同时，还往往会过量摄入咖啡因，而长期处于亚健康状态中。所以饮用咖啡一定要适量。

如今，咖啡在欧美国家早已成为餐桌上不可或缺的饮品，各种含咖啡的食品琳琅满目，它甚至是一种生活方式的象征。

烟草——癌症召唤师

烟草原产于热带美洲，是茄科烟草属的一年生草本植物，有 60 余种，中国引入栽培的主要是普通烟草（也称红花烟草）和黄花烟草。烟草植株表面常有黏性的腺毛，腺体产生的烟草特有的异味可通过腺毛释放出来；叶多变异，有圆形、卵形、心脏形、披针形等，随品种而异；圆锥花序顶生，花冠呈圆筒形或漏斗形，淡红或淡黄色；蒴果卵形，种子褐色。

烟草属植物品种虽多，但真正用于制造卷烟和烟丝的，通常只有红花烟草和少部分黄花烟草。

烟草的种植与收获

虽然在世界范围内，烟草广告都是被禁止的，但香烟依然是世界上最为畅销的商品之一。

1492 年 10 月，哥伦布率领探险队到达美洲时，便看到了当地人的吸烟情形，可惜记述得并不详细。

1536 年 5 月，有个叫嘉蒂的探险家到达美洲后，见证了印第安人使用烟草的情形："他们把烟草放在太阳底下晒干，而后在他们脖子上挂上一个小牛皮做的小袋子、一只中空的石头或者是一根很像管子的木头；待他们高兴时，便把烟草揉成碎末安放在管子的一端，点上火，在另一端便用嘴深深地呼吸，使得体内完全充满了烟，直到从他们的嘴和鼻孔里冒出为止，就像烟囱里喷出来的烟一样。他们说这样做可以使他们保持温暖和健康。我们也曾经尝试过这种烟，那种热辣的味儿，如同胡椒一样。"可见在 400 多年前，吸烟是一件多么神秘又趣味盎然的事啊。

现代研究证实，烟草中含有多种致癌物质，近些年来，烟民尤其是女性烟民数量快速增加，这严重危害了公众的健康，因此许多国家开始禁止在公共场所吸烟。

1560 年，法国驻葡萄牙大使让·尼科把烟草作为治疗疾病的药物寄回国。几百年后，化学家们揭示出烟草中的所谓能治病的物质竟然是有害物质——尼古丁。

现代研究证实，过量吸食尼古丁会造成心脏血管阻塞、高血压、中风等心脏血管性疾病，且可能是导致肺癌的重要原因。目前，世界上几乎所有国家都有这样的法律规定：烟盒上必须印有"吸烟有害健康"的字样。并且世界上许多国家已经开始禁止在公共场所吸烟，以保护公众的健康。

毒品家族——地狱的使者

罂粟——死亡使者

这种有着天使般面孔的植物，却是召唤死亡的使者。

中国是一个有着两千多年封建历史的国家，史学家们将中国封建时代如此之漫长归因于统治阶级历来的封闭与保守。而这延续了 20 个世纪的“闭关锁国”政策竟是被外国人用鸦片和大炮打破的。

鸦片是由罂粟的果实制成的初级产品。

罂粟主要生长在北半球几乎整个温带和亚热带地区。而这个地方几乎是全人类文明的发祥地。在瑞士发掘的公元前 4000 年新石器时代屋村遗址中，考古学家便发现了罂粟的种子和果实的遗迹。到公元前 3400 年，在闻名遐迩的两河流域，人们已经大面积地种植这种植物了，并赋予了它“快乐植物”的美名。在《圣经》与荷马的《奥德赛》中，鸦片被描述成为“忘忧药”，连上帝都会使用这种植物。到了公元前 2 世纪，古希腊名医加仑就有了关于鸦片可以治疗疾病种类的名录。

罂粟的植物学形态示意图

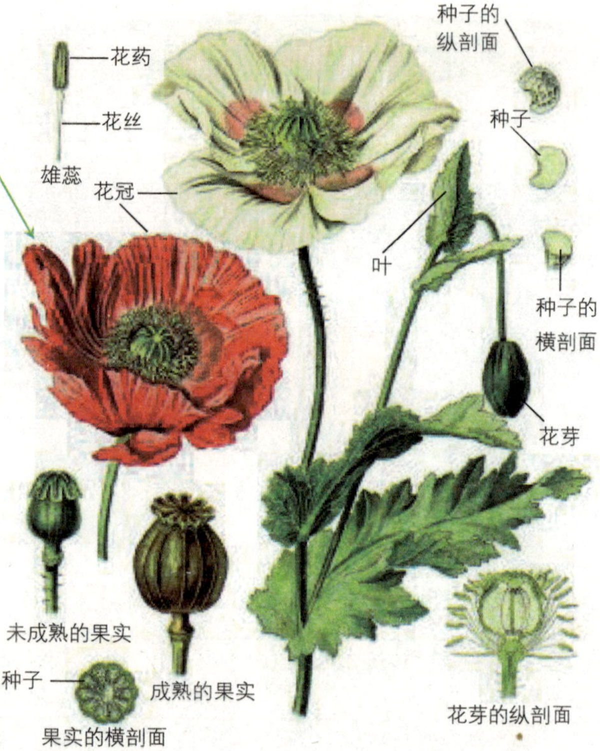

鸦片几乎伴随着人类的整个发展历史。17世纪的英国医生、临床医学奠基人托马斯·悉登汉姆甚至说过：“我简直忍不住要大声歌颂伟大的上帝，这个万物的制造者，它给人类的苦恼带来了舒适的鸦片，无论是从它能控制的疾病数量，还是从它能消除疾病的效率来看，没有一种药物有鸦片那样的价值。没有鸦片，医学将不过是个跛子。”这位医学大师因此也获得“鸦片哲人”的雅号。

这种让世人又喜又忧的罂粟到底是什么样的植物呢？

罂粟为罂粟科罂粟属，一般为一年生或二年生草本植物，植株高度60～100厘米。罂粟的果实为蒴果，呈长椭圆形或壶状，直径3～6厘米，成熟后果皮为黄褐色或淡褐色，果皮表面平滑，具纵纹；种子多且小，外形为肾形。罂粟的花期为4～5月，果期为6～8月。

罂粟是重要的毒品植物，其茎干及叶含少量吗啡等生物碱，成熟枯干后可切碎作为烟草吸食；将未成熟的蒴果割裂取汁，干燥凝固后，即是鸦片，可供吸食；蒴果成熟后汁会自行凝固于果壳成为鸦片之原体。

鸦片原本是一种普通的药用植物，有镇痛、镇咳、止泻等功效，但经常使用能成瘾，以至于后来人们把它开发成一种普通商品，专门以毒品的形式供人吸食，吸食者易上瘾，由此导致了一系列个人生理问题和社会问题。

中医学上也以罂粟壳入药，处方又名“御米壳”或“罂壳”，多用于肺虚久咳不止、胸腹筋骨各种疼痛、久痢常泻不止；也用于肾虚引起的遗精、滑精等症。罂粟在现代医学中通常是作为吗啡镇痛剂的原料出现。

罂粟的果实是制作各种毒品的主要原料。

起初，人们的确是将海洛因当成戒除鸦片及吗啡毒瘾的药物，但海洛因本身比吗啡的水溶性更大，吸收亦更快，且其脂溶性也较大，易通过血脑屏障进入中枢发挥作用，同时它本身的成瘾性更强烈。海洛因在诞生之后对个人和社会所导致的危害后果，已远远超过了其医用价值。1912 年在荷兰海牙召开的鸦片问题国际会议上，到会代表一致赞成管制鸦片、吗啡和海洛因的贩运，之后，美国国会也明文禁止海洛因等毒品的生产与销售。然而，海洛因并没有就此而消失，这种鸦片家族中的最纯精品因其效价高、用量少和走私方便，成为非法使用最为猖獗的毒品，这种白色粉末吸引着越来越多的瘾君子。现如今，海洛因的踪迹已遍布全世界。

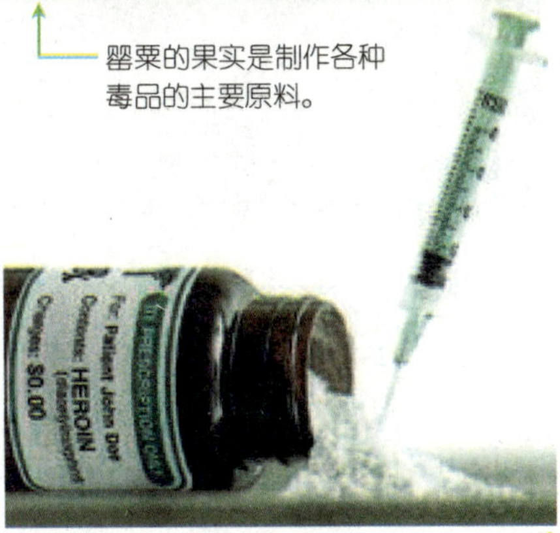

瓶中倾出的便是白色幽灵——海洛因

罂粟是提取毒品海洛因的主要植物，它和大麻、古柯并称为世界三大毒品植物。现在我国对这三种作物的种植严加控制，除药用及科研外，一律禁止使用。

大麻——本为织物，奈何错用

大麻也称“线麻”、“白麻”，在我国古称“火麻”，桑科，一年生草本。

大麻的株高 2～4 米，挺直。茎多为绿色、淡红或紫色，茎下部圆形，上部多为四棱形，茎上生有纵凹沟纹，表面覆有腺毛；叶多为掌状复叶，由 5～11 片小叶组成。大麻基部第 1 片真叶和梢部叶片为单叶，位于中、下部的叶对生，上部叶互生；花为单性，且雌雄异株，雄花为圆锥状花序，白色；雌花为球状或短穗状花序，外部包有绿色总苞，开花时露出柱头；大麻的果实为瘦果，卵形，外部有棱，果皮灰褐色，每颗果实中含有 1 粒种子，种子表面有纹。

大麻的植株

大麻对气候和土壤的要求并不苛刻，而且它们生长迅速，抗虫害能力强。

从大麻中获取的纤维是一种具有天然色泽的高品质的天然纤维素纤维。以前，大麻一直被当作一种只能用来制造绳索等的粗劣纤维，但随着科技的进步，改善大麻纤维的细度的工艺得到了极大的发展，如今，麻纤维已经被广泛作为纤维产品、服装、绳索、船帆、油脂、纸张及医疗用品等的优质原材料。

然而，大麻似乎并不是作为一种纤维原料而著名，它风靡全球乃是由于大麻的一个变种（又名印度大麻），其雌株花枝的顶端、叶、种子及茎中含大麻脂，经切碎、干燥制成卷烟吸用或咀嚼、鼻吸、吞服，可影响中枢神经系统，引起轻微的快感，继之倦睡。服用者由于视觉和判断力的改变，可导致时间和空间定向障碍。大量服用会造成急性中毒，急性中毒可引起幻视、焦虑、抑郁、情绪突变、妄想狂样的反应等精神症状。经常服用可成瘾。国际卫生组织已经肯定了其药品的危险性，并将其置于法律控制之下。

植物界的食肉族

不同品种的猪笼草长相也不尽相同。

不知何时，人类世界开始流传这样的故事——在一些人迹罕至的地方，生长着一些神秘的植物，这些植物能够感知附近的生物，并且生出卷须将生物卷入体内消化掉。

不过，直到今天，仍然没有人能够举出确凿证据来证明食人树的存在。消化人类的植物的说法，大概源于几种能够捕食昆虫的植物，这些植物甚至能够消化昆虫放置在叶子上的小块肉类。

那么，让我们先回到现实的已知世界来吧，认识一些奇异的捕虫植物。

猪笼草是猪笼草科植物的总称，是著名的热带食虫植物。所有的猪笼草都拥有一副独特的吸取营养的器官——捕虫囊，捕虫囊呈圆筒形，下半部稍膨大，因状如猪笼，故称猪笼草。猪笼草因为不从土壤中直接摄取和制造维持生命所需的营养物质，而依靠捕捉昆虫等小动物来谋生，故被称为食虫植物。

猪笼草的捕虫囊内有蜜腺，能分泌蜜汁引诱昆虫，昆虫进入捕虫囊后，囊盖并不像人们想象的那样合上。事实上捕虫囊的囊盖是经常打开的，囊盖的主要用途是引诱昆虫，由于捕虫囊的囊口内壁很光滑，所以能防止昆虫爬出。捕虫囊下半部的内侧囊壁稍厚，并有很多消化腺，这些腺体能分泌出稍带黏性的消化液储存在囊底，这些消化液呈酸性，具有消化昆虫的能力。

此外，还有一种与猪笼草同样著名，也具有捕虫能力的植物——茅膏菜。

茅膏菜也称石龙牙草，属茅膏菜科，为多年生的柔弱小型草本植物，高只有6～25厘米。叶片弯月形，横径约5毫米，基部呈凹状，边缘及叶面有多数腺毛，能够分泌黏液，当昆虫停落在叶面时，即会被黏液粘住，而腺毛又极敏感，有物触及，便会向内和向下运动，将昆虫紧压于叶面。当昆虫逐渐被腺毛分泌的蛋白质分解酶消化后，腺毛重新张开，再次分泌黏液，因此，人们常会在它的叶片上见到昆虫的躯壳。

茅膏菜

茅膏菜和它的猎物

胎生植物

“胎生”似乎只存在于动物界中，要说植物也有胎生的，恐怕很多人都会大惑不解：植物不都是由受精卵开始，逐渐发育成种子，之后种子在土中逐渐长成成熟植株的吗？其实不然，植物界中也有胎生的种类。

一些红树科植物（如红海榄、木榄、秋茄）的果实在离开母树前就是从母株吸取养分，生长发育成绿色的棒状胚轴，并利用胚轴上的皮孔换气。

红树科植物在全球共有60余个品种，如蜡烛果、秋茄树、木榄、海漆、榄李、海榄雌和银叶树等。红树便是其中的一种。

红树多为乔木或灌木，高2～4米，有支柱根。红树每年春、秋季开花，聚伞花序，两朵花并生于小枝上已落叶的叶腋位置。一棵红树花谢了以后，能结出300多个果实。果实细而长，长度一般在20厘米以上。每个果实中含有一粒种子。红树的种子为绿紫色，长20～40厘米。

红树的栖息地多数为极度缺氧的高盐度沼泽区。海滩上每天都涨潮和退潮，红树们几乎时时都要忍受着咸涩海水的冲击，因此红树植物的种子难以有稳定的萌发环境，又缺少种子发芽必需的氧气，因此只有进化出胎生繁殖能力的植株才有可能保证其在环境恶劣的海岸生存。

大面积的红树林

此外，红树庞大的支柱根也让红树在适应海滩生活方面表现出色。一条条支柱根从树枝上生出，直插入海滩的淤泥中，全力支撑着浓密的树冠，成为抵御风浪的稳固支架，它们裸露在空气中的部分则吸收着空气中的氧气和水分等，为植株提供宝贵的水分和养料。

就是靠着这些特殊的本领，红树在海滩上顽强地生活着。涨潮时，红树的树干全被海水淹没，树冠在水面上荡漾；退潮后，一棵棵红树重又挺立在海滩上，形成了海滩上的奇特景观。它们聚成丛林，护堤、防风、防浪，保护着沿海农田不受海浪或大风的袭击，形成一道道坚不可摧的铜墙铁壁。而且它们那些纵横交错的支柱根，挡住了陆上冲来的泥土，加速了海滩淤泥的沉积，使海岸不断向大海延伸，所以红树林还是有名的造陆先锋呢！

红树林顽强地扎根

聪明的植物会伪装——拟态植物

兰花螳螂。不仅动物们会拟态，植物界的拟态现象也并不鲜见呢。

自然界中有种现象叫做“拟态”，“拟态”这个词并不难理解，就是指某些生物在其演化过程中，形成的外表形状或色泽斑纹与其他生物或非生物异常相似的形态，以躲避天敌。这种现象在昆虫中最为常见，比如：竹节虫外形同植物的茎秆相似，因而不会被捕虫的鸟类抓住吃掉；木叶蝶因外形像干枯的树叶而得以躲避天敌的捕捉；兰花螳螂与兰花的酷似更是令人难以分辨。

不过“拟态”并不是动物们的专利，在植物界中，也存在着这种神奇的“拟态”现象。

生石花

生石花是番杏科生石花属多年生的一种小型多肉草本植物。这种植物的茎很短，常常看不见。它的变态叶肉质肥厚，两片对生联结而成为倒圆锥体。3～4 年生的生石花秋季从对生叶的中间缝隙中会开出黄、白、红、粉、紫等色花朵，花多在下午开放，傍晚闭合，次日午后又开，单朵花可开 7～10 天。开花时花朵几乎将整个植株都盖住，非常娇小。生石花形如彩石，色彩丰富，娇小玲珑，享有“有生命的石头”的美称。

生石花

眼镜蛇瓶子草

很多时候，一些“拟态”植物还能通过恐怖的外表来威胁对它“图谋不轨”的入侵者。在我国喜马拉雅山地区，有一种眼镜蛇瓶子草。

它原产于北美洲，同猪笼草一样，是一种著名的捕虫植物。

你看，眼镜蛇瓶子草的样子活像一条昂首吐信的眼镜蛇，常使得一些小的草食动物望而生畏，不敢去吃它，可以算是绝妙的植物拟态现象了。

长相奇特的眼镜蛇瓶子草

擅用“美人计”的兰科植物

“拟态”并非单纯地为了躲避敌害，有些植物甚至会通过对一些昆虫喜好的外形及气味的模拟，来吸引它们替自己传粉，在这其中，最引人注目的当推某些兰科植物，如蝇兰、蜘蛛兰、蜂兰的唇瓣形状酷似雌的蝇、蜘蛛、蜂，以诱使雄体前来“交配”，从而将花粉传走。

美丽又“狡猾”的兔耳兰

兔耳兰是这其中的典型代表。兔耳兰的花朵娇小而艳丽，很像雌性角蜂的身躯——花瓣闪耀着金属般的光泽，宛如阳光下雌蜂的翅膀；花顶端的两片花瓣上各有一条深色的细纹，活像雌蜂头上的两只触角；它的表面有流苏状的红色绒毛，与雌蜂腹部的绒毛极为相似……春光明媚之际，摇晃的花朵酷似一只飞舞的雌蜂，引来无数的雄蜂求偶交配，此时，雄蜂才发现上当受骗，只好“郁闷”地另觅“佳偶”。此时，雄蜂的头上已沾满了角蜂眉兰的花粉，当它再次上当时，便在无意中充当了“媒婆”的角色，将花粉准确无误地传到了另一些角蜂眉兰的柱头上，这就是生物学上的食源性欺骗传粉。

多么奇妙的植物、奇妙的大自然啊！

瓶子树——是植物，也是水源

在雨林中生长着一类植物，它们或高或矮，但相同的是，它们的茎干都很粗，当你用刀子划破它们的树皮时，还会有水流出来。

瓶子树就是这样一种植物。瓶子树属木棉科，多生长在南美洲的巴西高原上，是一种植株高大、挺拔的树木，远远望去很像一只只巨型的瓶子插在地里。瓶子树两头尖细，中间膨大，最粗的地方直径可达 5 米，因此瓶子树也常被称作纺锤树。

瓶子树之所以长成这种奇特的模样，跟它生活的环境有关。巴西北部的亚马孙河流域炎热多雨，为热带雨林区；南部和东部，一年之中旱季较长，气候干旱，土壤非常干燥，为稀树草原带。瓶子树生活在热带雨林和稀树草原之间的地带（热带疏林），一年里既有雨季，也有旱季，但是雨季较短。在旱季里，瓶子树落叶或在雨季萌出稀少的新叶，都是为了减少体内水分的蒸发与损失。瓶子树的根系特别发达，在雨季来到以后，尽量地吸收水分，贮水备用。通常，一棵大瓶子树甚至可以贮 2 吨多水，犹如一个绿色的水塔。因此，它在漫长的旱季中也不会干枯而死。

硕大的瓶子树

瓶子树和旅人蕉一样，可以为荒漠上的旅行者提供水源。人们只要在树上挖个小孔，清新解渴的“饮料”便可源源不断地流出来，解决在茫茫沙海中的缺水之急。